母貂发情盛期阴门外观

母貂与射精后公貂昵留

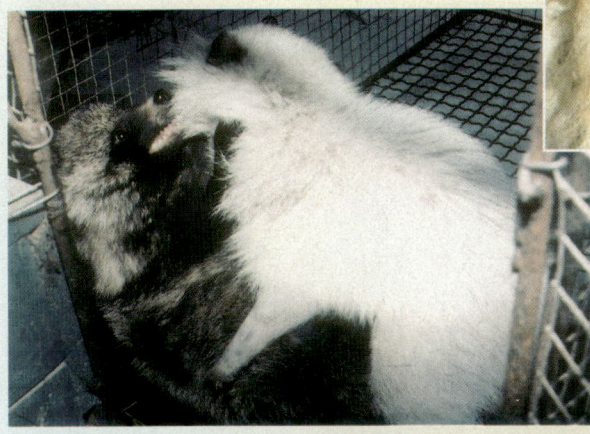

母貂接受公貂爬跨

爱抚驯化

貉的毛绒品质鉴定

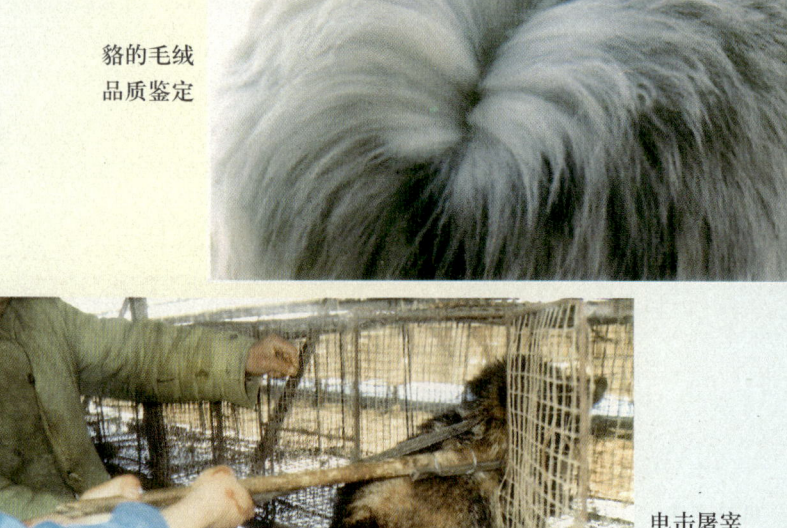

电击屠宰

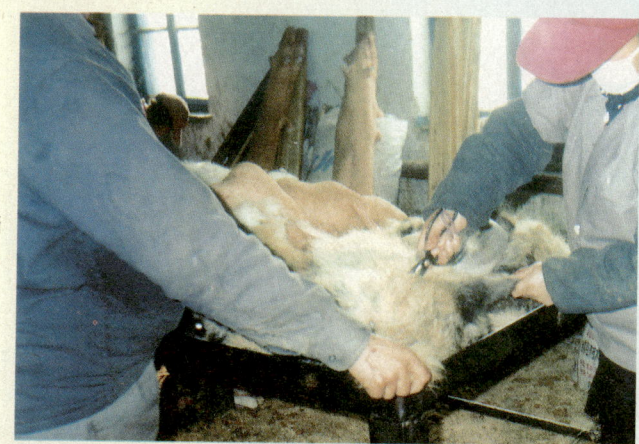

挑裆

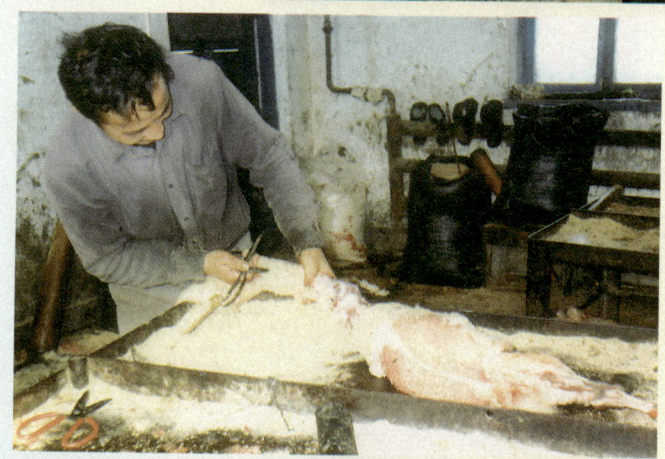

剥 皮

刮油

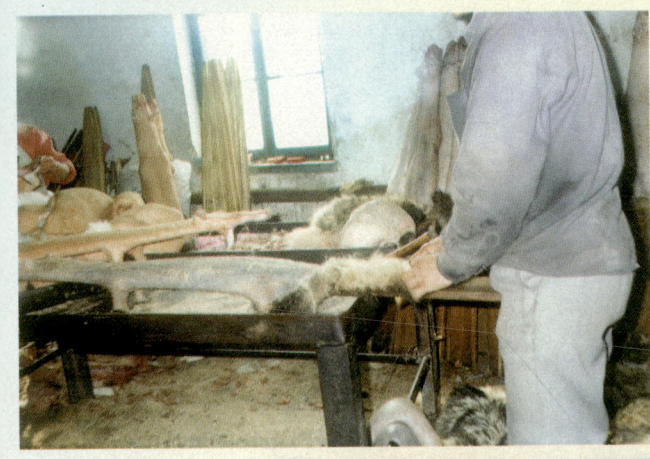
上楦

风干

凉干回潮

实用养貂技术

（修订版）

编著者
华树芳 华 盛 仇学军

金盾出版社

内 容 提 要

本书由中国农业科学院特产研究所华树芳副研究员等编著。内容包括：貉的生物学特性与经济价值，貉的繁殖，貉的饲料与营养，貉的饲养管理，貉的育种，养貉场建场与设备，貉皮的收取和初加工，貉的疾病防治；修订版重点增补了貉的疾病防治技术。内容通俗易懂，技术实用。适合养貉场员工、养貉专业户和有关科技工作者阅读参考。

图书在版编目(CIP)数据

实用养貉技术/华树芳等编著．—修订版．—北京：金盾出版社，2005.9
ISBN 978-7-5082-3736-7

Ⅰ.实… Ⅱ.华… Ⅲ.貉-饲养管理 Ⅳ.S865.2

中国版本图书馆CIP数据核字(2005)第088685号

金盾出版社出版、总发行
北京太平路5号(地铁万寿路站往南)
邮政编码：100036 电话：68214039 83219215
传真：68276683 网址：www.jdcbs.cn
彩色印刷：北京2207工厂
黑白印刷：北京四环科技印刷厂
装订：双峰装订厂
各地新华书店经销

开本：787×1092 1/32 印张：4.875 彩页：4 字数：103千字
2007年2月修订版第16次印刷
印数：213001—243000册 定价：5.50元

(凡购买金盾出版社的图书，如有缺页、
倒页、脱页者，本社发行部负责调换)

修订版前言

本书原由吉林农垦特产高等专科学校仇学军等编著,出版后深受广大读者欢迎。修订版由原作者之一的中国农业科学院特产研究所华树芳副研究员,会同吉林鹿王制药有限公司生产技术部部长华盛药师完成。

修订版全面系统地介绍了貉的品种、饲料、饲养管理、繁殖技术以及疾病防治等方面的最新科研成果和先进的科技知识,为农民掌握一门增收致富的生产技能提供实用教材。本书比较适合广大养貉场工作人员学习应用,也可供教学、科研和毛皮生产经营管理人员阅读参考。希望能为我国养貉业的发展尽一份微薄之力。

目前我国人工饲养的乌苏里貉是近半个世纪以来从野生貉驯养而来,大都是在家养条件下繁殖的后代,因此本书有关野生貉的生物学特性和驯养繁殖技术的论述,对指导现在养貉已失去意义,故在修订过程中将其删除。

近年来,我国养貉业正向大规模、集约化生产方向发展,在迅猛发展的同时也出现了不少需要解决的技术问题,如因饲料营养供应不够合理、微量元素供给不足或不平衡等,导致貉的营养缺乏、繁殖能力低下,严重制约了养貉的经济效益。本书在修订过程中,就最新科研成果在养貉方面的应用,对维生素、微量元素饲料和因此产生的营养缺乏症方面内容作了较大的修订和补充;同时对市场上销售的相关新药、特药、各类微量元素添加剂等作了详细阐述。

由于我们水平有限,加之时间仓促,书中缺点和遗漏之处,敬请有关专家、广大同仁和读者批评指正。

编 著 者

通信地址:吉林省吉林市左家镇 中国农业科学院特产研究所
邮政编码:132109
联系电话:0432—4701828

目　录

一、貉的生物学特性与经济价值……………………（1）
　（一）貉的分类与分布 …………………………（1）
　（二）貉的形态与习性 …………………………（2）
　（三）貉的经济价值 ……………………………（4）
二、貉的繁殖……………………………………………（4）
　（一）貉生殖系统的特点 ………………………（4）
　　1. 公貉的生殖系统 …………………………（4）
　　2. 母貉的生殖系统 …………………………（6）
　（二）貉的繁殖特点 ……………………………（7）
　　1. 性成熟 ……………………………………（7）
　　2. 性周期 ……………………………………（7）
　　3. 交配行为 …………………………………（9）
　　4. 妊娠 ………………………………………（10）
　　5. 产仔 ………………………………………（10）
　　6. 哺乳 ………………………………………（11）
　（三）貉的繁殖技术 ……………………………（12）
　　1. 配种技术 …………………………………（12）
　　2. 产仔保洁技术 ……………………………（17）
　　3. 影响繁殖力的因素及提高繁殖力的措施
　　　 ………………………………………………（21）
三、貉的饲料与营养 …………………………………（23）
　（一）饲料的营养成分及其功能 ………………（23）
　　1. 水分 ………………………………………（23）

2. 蛋白质 …………………………………………（24）
   3. 脂肪 ……………………………………………（26）
   4. 碳水化合物 ……………………………………（27）
   5. 矿物质 …………………………………………（27）
   6. 维生素 …………………………………………（30）
 (二)饲料的种类及利用 ………………………………（33）
   1. 动物性饲料 ……………………………………（35）
   2. 植物性饲料 ……………………………………（41）
   3. 添加饲料 ………………………………………（42）
   4. 干配合饲料 ……………………………………（45）
 (三)饲料的品质检验 …………………………………（46）
   1. 肉类饲料的品质检验 …………………………（46）
   2. 鱼类饲料的品质检验 …………………………（47）
   3. 乳类饲料的品质检验 …………………………（47）
   4. 蛋类饲料的品质检验 …………………………（48）
   5. 谷类饲料的品质检验 …………………………（49）
   6. 干粉饲料的品质检验 …………………………（49）
   7. 果蔬饲料的品质检验 …………………………（50）
   8. 干配合饲料的品质检验 ………………………（50）
 (四)饲料的贮存及加工调制 …………………………（51）
   1. 饲料的贮存 ……………………………………（51）
   2. 饲料的加工 ……………………………………（54）
   3. 饲料的调制 ……………………………………（55）
四、貉的饲养管理 ………………………………………（56）
 (一)貉的饲养标准 ……………………………………（56）
 (二)貉日粮的配制方法 ………………………………（58）
   1. 确定貉日粮的依据 ……………………………（58）

2. 貉日粮配方的配制方法 …………………… (58)
　(三)饲养管理的基本要求 ………………………… (59)
　(四)准备配种期的饲养管理 ……………………… (61)
　　1. 准备配种期的饲养 ………………………… (62)
　　2. 准备配种期的管理 ………………………… (63)
　(五)配种期的饲养管理 …………………………… (64)
　　1. 配种期的饲养 ……………………………… (64)
　　2. 配种期的管理 ……………………………… (64)
　(六)妊娠期的饲养管理 …………………………… (65)
　　1. 妊娠期的饲养 ……………………………… (65)
　　2. 妊娠期的管理 ……………………………… (66)
　(七)产仔泌乳期的饲养管理 ……………………… (66)
　　1. 产仔泌乳期的饲养 ………………………… (67)
　　2. 产仔泌乳期的管理 ………………………… (67)
　(八)恢复期的饲养管理 …………………………… (67)
　(九)幼貉育成期的饲养管理 ……………………… (68)
　　1. 仔、幼貉生长发育的特点 ………………… (68)
　　2. 幼貉育成期的饲养管理 …………………… (69)
　(十)冬毛生长期的饲养管理 ……………………… (71)

五、貉的育种 ………………………………………… (71)
　(一)育种的目的和方向 …………………………… (71)
　(二)貉的育种措施 ………………………………… (73)
　　1. 杂交育种 …………………………………… (73)
　　2. 纯种选育 …………………………………… (74)
　　3. 建立育种核心群 …………………………… (74)
　(三)貉的选种 ……………………………………… (75)
　　1. 选种时间 …………………………………… (75)

  2. 选种方法 …………………………………………（76）
 （四）貉的选配 ………………………………………（78）
  1. 选配原则 …………………………………………（78）
  2. 选配方式 …………………………………………（79）
 （五）白貉及吉林白貉的选育 ………………………（79）
  1. 白貉及其特征 ……………………………………（79）
  2. 白貉毛色遗传的特点 ……………………………（80）
  3. 白貉的选种选配 …………………………………（80）
六、养貉场建场与设备 …………………………………（81）
 （一）建场的基本要求 ………………………………（81）
 （二）建筑与设备 ……………………………………（82）
  1. 棚舍 ………………………………………………（82）
  2. 笼箱 ………………………………………………（82）
  3. 圈舍 ………………………………………………（83）
  4. 围墙 ………………………………………………（84）
  5. 其他 ………………………………………………（84）
七、貉皮的收取和初加工 ………………………………（84）
 （一）影响貉皮质量的因素 …………………………（85）
  1. 产地 ………………………………………………（85）
  2. 季节 ………………………………………………（85）
  3. 伤残痕迹及其影响 ………………………………（86）
  4. 饲养管理的影响 …………………………………（86）
 （二）貉皮的收购规格 ………………………………（86）
  1. 加工要求 …………………………………………（87）
  2. 等级规格 …………………………………………（87）
  3. 等级比差 …………………………………………（87）
  4. 长度规定 …………………………………………（87）

5. 面积规定 ……………………………………… (88)
　(三)屠宰剥皮与毛皮初加工 ……………………… (88)
　　1. 屠宰 …………………………………………… (88)
　　2. 剥皮 …………………………………………… (89)
　　3. 皮张的初加工 ………………………………… (89)
八、貉的疾病防治 ……………………………………… (91)
　(一)貉病防治常识 ………………………………… (91)
　　1. 养貉场常用的消毒方法和药物 ……………… (91)
　　2. 饲料与饮水卫生 ……………………………… (92)
　　3. 传染病的预防 ………………………………… (93)
　　4. 发生传染病时的扑灭措施 …………………… (93)
　　5. 貉病诊断的基本方法 ………………………… (94)
　　6. 貉病的治疗技术 ……………………………… (96)
　　7. 貉常用疫苗及其他制剂使用简介 …………… (97)
　　8. 貉常用药物使用说明 ………………………… (99)
　　9. 貉的基本生理常数 …………………………… (102)
　(二)貉常见病的防治 ……………………………… (103)
　　1. 犬瘟热 ………………………………………… (103)
　　2. 狂犬病 ………………………………………… (104)
　　3. 病毒性肠炎 …………………………………… (105)
　　4. 巴氏杆菌病 …………………………………… (107)
　　5. 大肠杆菌病 …………………………………… (109)
　　6. 沙门氏菌病 …………………………………… (110)
　　7. 加德纳氏菌病 ………………………………… (112)
　　8. 结核病 ………………………………………… (112)
　　9. 破伤风 ………………………………………… (114)
　　10. 貉自咬症 ……………………………………… (115)

11. 附红细胞体病(红皮病) …………………… (116)
12. 旋毛虫病 …………………………………… (117)
13. 蛔虫病 ……………………………………… (118)
14. 绦虫病 ……………………………………… (119)
15. 肠吸虫病 …………………………………… (120)
16. 貉毛虱病 …………………………………… (121)
17. 螨病 ………………………………………… (121)
18. 蚤病 ………………………………………… (122)
19. 肉毒梭菌毒素中毒 ………………………… (123)
20. 亚硝酸盐中毒 ……………………………… (123)
21. 食盐中毒 …………………………………… (124)
22. 鱼毒中毒 …………………………………… (125)
23. 有机磷杀虫剂中毒 ………………………… (125)
24. 灭鼠灵中毒 ………………………………… (126)
25. 维生素 A 缺乏症 …………………………… (126)
26. 维生素 E 缺乏症 …………………………… (127)
27. B 族维生素缺乏症 ………………………… (127)
28. 维生素 H 缺乏症 …………………………… (128)
29. 维生素 C 缺乏症 …………………………… (128)
30. 钙、磷代谢障碍 …………………………… (129)
31. 白肌病 ……………………………………… (130)
32. 感冒与肺炎 ………………………………… (130)
33. 尿湿症 ……………………………………… (131)
34. 癞皮症 ……………………………………… (131)
35. 食毛症 ……………………………………… (132)
36. 白鼻子、长趾甲、干腿症 ………………… (132)
37. 口炎 ………………………………………… (134)

38. 胃肠炎 …………………………………………… (134)
39. 急性胃扩张 ……………………………………… (134)
40. 呕吐 ……………………………………………… (135)
41. 直肠脱 …………………………………………… (135)
42. 阴茎脱 …………………………………………… (136)
43. 流产 ……………………………………………… (136)
44. 难产 ……………………………………………… (136)
45. 乳房炎 …………………………………………… (137)
46. 缺奶 ……………………………………………… (137)
47. 断乳仔貉腹泻 …………………………………… (137)
48. 中暑 ……………………………………………… (138)

参考文献……………………………………………… (139)

一、貉的生物学特性与经济价值

(一) 貉的分类与分布

貉(*Nyctereutes procyonoides* Gray)为食肉目、犬科、貉属动物。主要分布于我国、俄罗斯、蒙古、朝鲜、日本、越南、芬兰、丹麦等国。貉在我国的分布很广,几乎遍及全国各省、自治区。习惯上常以长江为界分为南貉和北貉。分布于长江以北各省、自治区的貉统称为北貉,其特点是体型大,毛长色深,底绒丰厚,品质优良;分布于长江以南各省、自治区的貉统称为南貉,其特点是体型较小,毛绒稀疏,有针绒平齐,色泽光润、艳丽的特点,因而也有利用价值。

《中国动物志》(1987年)将我国貉分为指名亚种、东北亚种和西南亚种。

指名亚种 分布于华东及中南地区。

东北亚种 分布于黑龙江、吉林和辽宁省,华北一带所产亦较近似。

西南亚种 分布于云南、贵州和四川省。

衣川义雄(1941年)将产于我国的貉分为以下7个亚种。

乌苏里貉 产于东北地区的大小兴安岭、长白山、三江平原等地。

朝鲜貉 产于黑龙江、吉林、辽宁的南部地区。

阿穆尔貉 产于东北北部的黑龙江沿岸、吉林东北部等地区。

江西貉　产于我国江西及其邻近各省。
闽越貉　产于我国江苏、浙江、福建、湖南、四川、陕西、安徽、江西等省。
湖北貉　产于湖北、四川等省。
云南貉　产于云南及其邻近各省。
本书以乌苏里貉为样本做介绍。

(二)貉的形态与习性

貉体形似狐，但较肥胖、短粗，尾短，四肢短且细，被毛长而蓬松，底绒丰厚。趾行性，以趾着地。前足5趾，第一趾较短，不着地；后足4趾，缺第一趾。前后足均具有发达的趾垫。爪粗短，不能伸缩。被毛通常为青灰色或青黄色。吻短尖，面颊横生淡色长毛。由眼周至下颌生有黑褐色被毛，呈明显的"八"字形，并经喉部、前胸连至前肢。沿背脊中央的针毛多具黑色毛尖，程度不同地形成1条界线不清的黑色纵纹，向后延伸至尾背面，尾末端色愈深。背部毛色较深，呈青灰色；近腹部体侧被毛呈灰黄色或棕黄色；腹部毛色最浅，呈灰白色或黄白色；四肢毛色较深，呈黑色或黑褐色。

成年公貉体重5.4～10千克，体长58～67厘米，体高28～38厘米，尾长15～23厘米；成年母貉体重5.3～9.5千克，体长57～65厘米，体高25～35厘米，尾长11～20厘米。

野生貉主要生活在平原、丘陵及部分山地。常栖息于靠近河川、溪流、湖沼附近的丛林和荒草地带。貉喜穴居，常利用天然的石缝、树洞和其他动物废弃的洞穴为巢。貉的生活习性主要有以下几个特点。

第一，集群性。野貉通常成对穴居，一洞一公一母，也有一公多母或一母多公者。邻穴的双亲和仔貉通常在一起玩耍嬉戏，母貉有时也不分彼此，相互代乳。在家养条件下，可利用这一特性，将断奶后的幼貉按10～20只一群，集群圈养。

第二，夜行性。野貉一般白天在洞中睡觉，傍晚或拂晓前外出活动觅食。家养貉则整天都可以活动，基本上改变了昼伏夜出的习性。家养貉的活动范围较小，多在笼中进行直线往返运动。性情迟钝、温驯，在人接近时有多疑和胆怯的表现。

第三，定点排粪。无论是野生貉或家养貉，绝大多数都将粪便排泄到固定地点。野生貉多排在洞口附近，日久积累成堆。家养貉多排在笼舍的一角，有极个别的在食盆、水盒或窝箱中便溺。

第四，冬休。在野生条件下的野貉，为躲避冬季的严寒和饲料的奇缺，常深居于洞穴中，此后其新陈代谢水平降低，消耗入秋以来所蓄积的皮下脂肪，以维持其生命活动，形成非持续性的冬眠，表现为少食，活动减少，呈昏睡状态，所以称为半冬眠或冬休。在家养条件下，由于食物充足及人为的干扰，冬休不十分明显，但大都活动减少，食欲减退。在东北地区家养貉过冬时，可由其他季节的日喂2次改为日喂1次，或2～3日喂1次。

第五，杂食性。野生貉以鱼、蛙、鼠、鸟及野兽和家畜的尸体、粪便为食，也可采食浆果、植物子实及根、茎、叶等。家养貉的主要食物有鱼、肉、蛋、乳、血及牲畜内脏、谷物、糠麸、饼粕和蔬菜等。

貉每年换1次毛。春季脱冬毛、长夏毛，秋冬季夏毛长成冬毛。貉的寿命为8～16年，可利用年限7～10年，繁殖适龄公貉1～2年，母貉1～5年。

(三)貉的经济价值

貉具有很高的经济价值。其主要产品貉皮,属大毛细皮,具有坚韧耐磨、轻便柔软、美观保温等优点,是制作大衣、皮领、帽子和皮褥等裘皮制品的优质原料。貉肉细嫩鲜美,营养丰富,不仅是可口的野味食品,还可入药,是高级滋补营养品。貉胆囊(汁)干燥后可代替熊胆入药。貉针毛和尾毛是制造高级化妆用毛刷、胡刷和毛笔等的原料。貉油除可食用外,还是制作高级化妆品的原料。貉粪是高效优质的肥料。

貉的适应性强,易于驯养繁殖,饲养管理简单,省工省料,饲料来源广泛,较耐粗饲料,抵抗疾病能力强,繁殖力和成活率高,既适合大规模集约化饲养,也适合一家一户小规模养殖。

二、貉的繁殖

(一)貉生殖系统的特点

1. 公貉的生殖系统

公貉的生殖系统由睾丸、附睾、输精管、副性腺及阴茎等部分组成(图1)。

(1)睾丸 公貉有1对睾丸,呈卵圆形,由睾丸囊包裹着,位于腹股沟部阴囊里。睾丸的功能是产生精子并分泌雄性激素,睾丸内有细长的曲细精管,是生成精子的场所。貉是季节性繁殖的动物，1年中其睾丸有明显的季节性变化。5~10月份为静止期，睾丸直径5~10毫米，重0.5~1克，无精子；11月份至翌年1月份为发育期，体积和重量都不断增加；2~4月份为成熟期，睾丸直径25~30毫米，重2.3~3.2克，能产生精子。

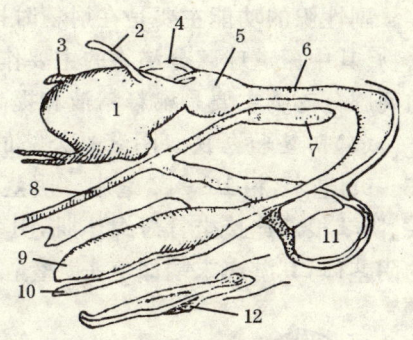

图1　公貂的生殖系统
1. 膀胱　2. 左输尿管　3. 右输尿管
4. 输精管　5. 前列腺　6. 尿道
7. 耻骨联合　8. 腹壁　9. 阴茎
10. 包皮　11. 睾丸　12. 阴茎骨

（2）附睾　长管状，紧贴于睾丸之上，有迂回盘曲的附睾管，长度35~45毫米，可分为头、体、尾3个部分。附睾头与曲细精管相连，位于睾丸的近后端，形状扁平呈"U"字型，略粗于附睾体；附睾体细长，沿睾丸的后缘下行，至睾丸的远端转为附睾尾，附睾尾与输精管相通。附睾的功能是运输、浓缩和贮存精子，精子在附睾内最后发育成熟。

（3）输精管　输精管和附睾尾相连，其功能是把精子从附睾尾输送到尿道。貂输精管外径1~2毫米，管壁的肌肉层厚且坚实，呈索状。在附睾尾附近，输精管是弯曲的，到附睾头附近变直，并与血管、淋巴管和神经形成精索，然后通过腹股沟管进入腹腔。2条输精管在膀胱上方并列而行，在阴茎基部会合，并在此开口于尿道。

（4）副性腺　主要是前列腺和尿道球腺。前列腺包围在尿道周围，较发达；尿道球腺位于尿道出骨盆腔的附近，小而坚实。副性腺的功能主要是在射精时排出前列腺及尿道球腺分泌物。其中尿道球腺分泌物的主要作用是清理和冲洗尿道,而前列腺分泌物主要是稀释精液和提高精子的活力。

(5)阴茎和包皮 阴茎是公貉的交配器官,呈圆棒状,长65~95毫米,粗10~12毫米。阴茎包括阴茎根、阴茎体和龟头。阴茎根部连接坐骨海绵体肌,阴茎根向前延伸形成圆柱状的阴茎体,其游离末端即龟头。整个阴茎富含海绵组织。阴茎中有1根长60~85毫米的阴茎骨,中间有一沟槽,尖端带钩。包皮为皮肤折转而形成的1个管状皮肤鞘,起容纳和保护龟头的作用。

2. 母貉的生殖系统

母貉的生殖系统由卵巢、输卵管、子宫、阴道和外生殖器官组成(图2)。

(1)卵巢 母貉有1对卵巢,左右各一,是周期性产生卵细胞的器官,同时还分泌雌性激素,以促进其他生

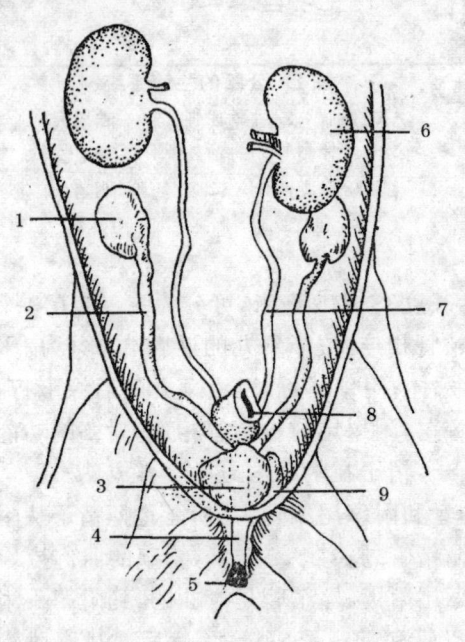

图2 母貉的生殖系统
1.卵巢 2.子宫角 3.子宫体
4.阴道 5.阴门 6.肾
7.输尿管 8.直肠 9.膀胱

殖器官及乳腺的发育,并使发情期母貉产生性欲。貉的卵巢呈扁圆形,直径4～5毫米,几乎完全被脂肪囊包围着。

(2)输卵管　位于每一侧卵巢和子宫角之间,很细,且与输卵管系膜粘连在一起,盘曲在卵巢囊上,不易观察到。输卵管是输送卵细胞的管道,也是完成受精作用的场所。

(3)子宫　由左右2个子宫角、1个子宫体和子宫颈组成,是胚胎发育和胎儿娩出的器官。子宫角长70～80毫米,粗3～5毫米;子宫体长35～40毫米,粗12～15毫米;子宫颈呈圆筒状,壁厚,粘膜形成许多皱褶。

(4)阴道　阴道是母貉的交配器官,同时也是产道。阴道全长100～110毫米,直径15～17毫米。其前端与子宫颈的连接处形成拱形结构,即阴道穹窿。

(5)外生殖器官　包括前庭、大阴唇、阴蒂和前庭腺,统称阴门。阴门在非繁殖期陷于皮肤内,被阴毛覆盖,外观不明显。在发情时,则有肿胀、外翻等一系列形态变化。这种变化是进行母貉发情鉴定的重要依据。

(二)貉的繁殖特点

1. 性成熟

笼养貉性成熟时间一般为8～10月龄,公貉较母貉稍提前,并依营养水平、遗传因素等条件的不同,个体间有一定差异。也有极个别的貉在8～10月龄时还不具备繁殖能力。

2. 性周期

(1)公貉的性周期　公貉的睾丸在静止期仅有黄豆粒大,直径5～10毫米,质地坚硬,附睾中没有成熟的精子。阴囊贴于腹侧,布满被毛,外观不明显。睾丸一般从秋分(9月下旬)

开始发育,至小雪(11月下旬)直径达16～18毫米,冬至(12月下旬)后生长发育速度加快,翌年1月底至2月初直径可达25～30毫米,质地松软,富有弹性。此时阴囊被毛稀疏,松弛下垂,外观明显,附睾中有成熟的精子。这时正值配种期开始,公貉开始有性欲表现,并可进行交配。整个配种期持续60～90天,此期间公貉始终有性欲要求。其后1个月内性欲逐渐降低,性情暴躁,有时扑咬母貉,但与发情好、性情温驯的母貉也可达成交配。交配期结束后,公貉睾丸很快萎缩,至5月份又恢复到静止期大小,然后开始新的周期。幼龄公貉的性器官随身体的生长而不断发育,至性成熟后,其年周期变化与成年貉相同。

(2)母貉的性周期 母貉性器官的生长发育与公貉相似,卵巢大致从秋分开始发育,至翌年1月底2月初卵巢内已形成发育成熟的卵泡和卵子。笼养母貉发情配种时间由2月上旬至4月上旬,持续2个月。发情旺期集中于2月下旬至3月上旬。受孕后的母貉,随即进入妊娠及产仔期,空怀母貉则又恢复到休情期。

貉是季节性一次发情的动物。一般每个繁殖期仅发情1次,即有1个发情周期。母貉发情周期大体可分为4个阶段,即发情前期、发情期(发情持续期)、发情后期和休情期。

①发情前期 即从外生殖器官开始出现变化至母貉接受交配的时期。此期最少4天,最多25天,一般7～12天,个体间差异较大。此期因卵巢中卵泡逐渐发育,卵泡素的分泌逐渐增加,而引起生殖道充血。外生殖器表现为阴门扩大,露出毛外,逐渐红肿、外翻、皱褶减少,分泌物增多。放对试情时,母貉对公貉有好感,互相追逐,玩耍嬉戏,但拒绝公貉爬跨和交配。

②发情期(发情持续期) 是指母貉性欲旺盛,连续接受

交配的时期。一般1~4天,个别可达10天,多数为2~3天。此期卵巢卵泡已发育成熟,卵泡素分泌旺盛,引起生殖道高度充血并刺激神经中枢产生性欲。阴门变成椭圆形,明显外翻,具有弹性,颜色变深呈暗紫色,上部皱起,有粘稠的或凝乳样的阴道分泌物。放对试情时母貉非常兴奋,主动接近公貉,当公貉欲爬跨时,母貉将尾歪向一侧,静候迎合公貉交配。

③发情后期 是指母貉外生殖器逐渐由肿胀而萎缩的一段时间。此期大多较短,仅2~3天,也有较长的。此期成熟的卵子已排出或萎缩,卵泡素分泌减少或停止,生殖道充血减退,阴门缩小,直至恢复到平常状态。同时母貉性欲急剧减退,对公貉怀有"恶意",不能达成交配。

④休情期 即静止期。是指母貉发情后期结束至下一个发情周期开始的较长一段时间,一般为8个月。

3. 交配行为

(1) 交配动作 交配时一般公貉比较主动,接近母貉时往往伸长颈部,嗅闻母貉的外阴部。发情母貉则将尾部翘向一侧,静候公貉交配。这时公貉很快举前足爬跨于母貉背上,后躯频频抖动,将阴茎置于阴道内。之后,后躯紧贴于母貉臀部,抖动加快,紧接着后臀部内陷,两前肢紧抱母貉腰部,静停约0.5~1分钟,尾根轻轻扇动,即为射精动作。射精后母貉翻转身体,与公貉腹面相对,昵留一段时间。此时公母貉一般相互逗吻、嬉戏,母貉发出"哼哼"的叫声。绝大多数貉的交配均可观察到上述行为。但有个别的看不到射精后公母貉的昵留行为。还有个别公母貉交配后出现类似狗交配后的长时间"连锁"现象。

(2) 交配时间 貉的交配时间较短,交配前求偶的时间3~5分钟;交配射精时间0.5~1分钟;昵留时间5~8分钟。

整个交配时间在10分钟以内者居多。

（3）交配能力（交配频度） 貉的交配能力主要取决于性欲强度,其次是两性性行为的配合。同一对公母貉连续交配的天数以2~4天居多,而且母貉年龄较大的比年龄小的交配频度高。公貉在整个配种期内均有性欲,1天内一般可交配1~2次,每次交配最短间隔为3~4小时。性欲强的公貉整个配种期可交配5~8只母貉,总交配次数15~23次。一般公貉可交配3~4只母貉,总交配次数8~12次。

（4）性的和谐与抑制 一般母貉进入性欲期,即达到发情高潮阶段后,公母均有求偶欲,互相间非常和谐,一般不发生咬斗现象。但个别公母貉对配偶有挑选行为。不和谐的配偶之间互不理睬,甚至发生咬斗,虽已到性欲期,但并不发生交配行为,更换配偶后,有时马上即可达成交配。这是择偶性强的表现,生产上一定要将这种貉与未发情貉区分开,以免造成失配。公母貉因惊吓或被对方咬伤后,会暂时或长时间出现性抑制现象。公貉丧失配种能力,表现为惧怕或乱咬母貉;母貉虽已发情,但惧怕公貉接近并拒绝交配。配种时公母貉之间性不和谐或性抑制容易导致母貉失配。

4. 妊 娠

貉的妊娠期为54~65天,平均为60天左右。母貉妊娠后变得温驯平静,食欲增强。卵子受精后25~30天胚胎发育到鸽卵大小,可从腹外摸到。妊娠40天后可见母貉腹部下垂,脊背凹陷,腹部毛绒竖立成纵列,行动迟缓。临产前母貉拔掉乳房周围的被毛做窝,蜷缩在小室内不愿外出。

5. 产 仔

母貉临产前多数减食或废食。产仔多于夜间在巢室中进行,也有个别的在笼网或运动场上产仔。分娩持续时间4~8

小时,个别也有1~3天的。一般每10~15分钟娩出1只仔貉。仔貉娩出后母貉立即咬断脐带,吃掉胎衣和胎盘,并舔舐仔貉身体,直至产完才安心哺乳。个别的也有2~3天内分批娩出的。初生仔貉发出间歇的"吱吱"叫声。

貉是多胎动物,每胎平均产仔8只左右,最多可达19只。

6. 哺 乳

一般母貉有4~5对乳头,对称分布在腹下两侧。母貉在产前自己拔掉乳房周围的毛绒,使乳头显露出来。产仔母貉母性很强,一般安心哺育仔貉,很少走出小室。仔貉出生后1~2小时毛绒干后即可爬行并找到乳头吮乳。仔貉吃过初乳后便开始沉睡,至醒来后再吮乳,每间隔6~8小时吮乳1次,吃后仍进入睡眠状态。母貉非常爱护仔貉,除夜深人静时出室吃食外,轻易不出小室活动。笼养繁殖的母貉产仔后,即使有人打开小室上盖,甚至用木棒驱赶,也不会丢弃仔貉而离开小室。但也有个别母貉,有遗弃、践踏甚至咬食仔貉的现象,这多半是产仔母貉高度惊恐的表现。因此,在产仔哺乳期应尽量避免惊扰产仔母貉。

哺乳期母貉与仔貉的关系十分亲密,但随日龄的增加有很大变化。为便于仔貉吮乳,仔貉1月龄前母貉哺乳时多采用躺卧姿势,1月龄之后以站立姿势哺乳。初生仔貉吮乳时,母貉逐个舔舐仔貉肛门,吃掉仔貉的排泄物。仔貉不能自行采食之前,排泄在小室内的粪便也由母貉吃掉,或将其叼至室外,使小室经常保持干净。仔貉刚会采食时,母貉从笼中将食物叼到小室中喂给仔貉吃,直至仔貉能自行采食为止。至此,母貉不再为仔貉舔舐肛门和清理粪便。一般母貉泌乳能力强的,仔貉生长发育也很迅速。仔貉一般15~20日龄长出牙齿可采食饲料,45~60日龄后,母貉开始对仔貉表现淡漠,母貉泌乳量明显减少,乳房萎缩,不愿再给仔貉哺乳;这时仔貉也能自行采食和独立生活,可断奶和分窝。5～6月龄即可长到成貉大小。

(三)貉的繁殖技术

1. 配种技术

(1)配种期　笼养貉的配种期是和母貉的发情时期相吻合的。东北地区一般为2月初至4月下旬,个别的从1月下旬开始。不同地区的配种时间稍有不同,一般低纬度地区略早些。经产貉配种早,进度快;初产貉次之。

(2)发情鉴定　公貉发情从群体上看比母貉早些,也比较集中,从1月末至3月末均有配种能力。公貉发情时,睾丸膨大、下垂,具有弹性,如鸽卵大小。公貉活泼好动,有时翘起一后肢斜着往笼网壁上排尿,也有时往食盆或盆架上排尿,经常发出"咕咕"的求偶声。此外,通过触摸检查公貉睾丸也可判定公貉有无交配能力。睾丸膨大,质地松软且富有弹性,确已下降至阴囊中,表明已具有交配能力;睾丸太小,质地坚硬无弹性,或没有下降到阴囊中(即隐睾),一般没有配种能力。

母貉发情一般略迟于公貉,多数是2月下旬至3月上旬,个别也有到4月末的。对母貉的发情鉴定一般采用4种方法:即性行为观察法、外生殖器官检查法、阴道分泌物涂片镜检法及放对试情法。

①性行为观察法　母貉一旦进入发情前期,即表现出行动不安,往返运动加强,食欲减退,尿频。发情盛期时,精神极度兴奋,食欲进一步减退,直至废绝,不断发出急促的求偶叫声。至发情后期,行为逐渐恢复正常。

②外生殖器官检查法 主要根据外生殖器官的形态、颜色及分泌物的多少来判断母貂的发情程度。根据前述母貂发情时期外生殖器官的变化情况,凡阴门开始显露和逐渐肿胀、外翻,颜色渐红,为开始发情阶段(即发情前期)的表现;阴门高度肿胀、外翻,紫红色,呈"十"字或"Y"字形状,阴蒂暴露,分泌物多且粘稠,此为发情盛期(即性欲期)的表现。而阴门收缩,肿胀消退,分泌物减少,粘膜干涩则为发情结束(即发情后期)的表现。发情盛期是交配的适期。极个别的母貂外生殖器官没有上述典型变化,但确已发情且能与公貂达成交配并受孕,这种现象称为隐性发情或隐蔽发情。生产上应注意观察并与未发情貂区分开,以免失配。

③阴道分泌物涂片镜检法 动物的发情和排卵是受其体内一系列生殖激素调节和控制的。与此同时,生殖激素还作用于生殖道,使其上皮增生,为交配做准备。因此,在发情周期中,随体内生殖激素水平的规律性变化,阴道分泌物中脱落的各种上皮细胞的数量和形态也呈规律性的变化。

角化鳞状上皮细胞呈多角形,有核或无核,边缘卷曲不规则,直径44.8微米,临近发情前出现。此种细胞崩溃形成碎片,呈梭形或船形,长径44.9微米,短径15.6微米,在发情期出现,初配后第一天最多达62.35%,拒配时明显下降。貂阴道分泌物中出现大量角化鳞状上皮细胞是母貂进入发情期的重要标志。通过显微镜检测阴道分泌物中角化鳞状上皮细胞的数量比例,结合外阴部检查等发情鉴定方法,可提高母貂发情鉴定的准确性,特别是对鉴定隐性发情有重要意义。

多型核白细胞直径9.15微米,边缘清晰,全部由白细胞组成,发情前期分布均匀。聚集成团或附着于其他上皮细胞周围,解体变大,直径12.6微米,发情期数量明显减少,拒配后明显上升。

角化圆形上皮细胞,形态为圆形或近似圆形,绝大多数有核,胞质染色均匀透明,边缘规则,直径35.31微米,一般单独分散存在。发情期和妊娠期均可见到,数量上没有明显变化。

阴道分泌物涂片的制作与检查方法是,用经消毒的吸管,插入阴道8～10厘米,吸取阴道分泌物,往清洁的载玻片上滴1滴,涂成薄层,阴干后于100倍显微镜下观察。可用血细胞计数器计数,以计算各种细胞的数量比例。

④放对试情法 当用以上发情鉴定方法还不能确定母貉是否发情时,可进行放对试情。处于发情前期的母貉,有趋向异性的表现,但拒绝公貉爬跨交配;发情期的母貉,性欲旺盛,公貉爬跨时,母貉后肢站立,翘尾,温驯地静候交配;发情后期的母貉,性欲急剧减退,对公貉不理睬或怀有"恶意",很难达成交配。故放对试情能顺利达到交配的,说明母貉发情良好。

以上4种发情鉴定方法应结合进行,灵活掌握。一般以性行为观察为辅,以外生殖器官检查为主,以放对试情的行为观察为准。阴道分泌物涂片镜检法较科学准确,可在对外生殖器官表现不明显或隐性发情母貉的发情鉴定时应用。

(3)放对配种

①放对时间 貉的配种一般在白天进行。特别是早晚(尤其是早晨和上午)气候凉爽的时候,公貉的精力较充沛,性欲旺盛,母貉发情行为表现也较明显,容易促成交配。具体时间为早晨6:00～8:00或上午8:30～10:00,下午4:30～5:30。配种后期气温转暖,放对时间只能在早晨。

②放对方法 貉的配种均采取人工放对、观察配种的方法。放对时一般是将母貉放入公貉笼内,因为公貉在其熟悉的环境中性欲不受抑制,交配主动,可缩短交配时间,提高放对

配种效率。但遇公貂性情急躁暴烈或母貂胆怯的情况时,也可将公貂放入母貂笼内。

放对分试情性放对和交配性放对。试情性放对,如前所述主要是通过试情来证明母貂的发情程度。故当发情未到盛期时,放对时间不宜过长,一般10~15分钟即可,以免公母貂之间因达不成交配而产生惊恐和敌意。交配性放对,是在确认母貂已进入发情盛期的情况下,力争达成交配。所以,只要公母貂比较和谐,就应坚持,直至顺利完成交配。

③配种方式 因为貂是季节性一次发情的动物,自发性陆续排卵,所以,其配种只能采取连日复配的方式。即初配1次以后,还要连续每天复配1次,直至交配3次为止,这样可提高产仔率。有时貂在上一次交配后,间隔1~2天才接受再次复配。为了确保貂的复配,对那些择偶性强的母貂,可更换公貂进行双重交配或多重交配(即用1只母貂与2只公貂或2只以上公貂交配),以复配3次为最好。

(4)精液品质检查 检查公貂精液品质,是确保配种质量的有效手段,可防止假配及因精液品质不良或无精子而造成的不孕。

精液品质检查应在18℃~20℃的室内进行。方法是用玻璃棒或吸管插入刚配完的母貂阴道中8~10厘米处蘸取或吸取少量精液,滴在载玻片上,置于200倍显微镜下观察。首先观察确定有无精子,如有,再观察精子的形态、活力、密度等。精子状如蝌蚪,头尾清晰,大小均匀,无畸形(缺头、双头、缺尾、双尾、卷尾等),数量较多,运动活跃,呈直线前进即为正常。如镜检时无精子或精子很少,活力很弱,需要换公貂重配。对经多次检查确无精子或精液品质不良的公貂,应停止使用。

(5)种公貂的训练与利用 由于公貂具有多偶性,一般1

只公貉可配3～4只母貉,这就决定了种公貉在配种中的作用。提高种公貉的配种能力,是完成配种工作的重要保证。

①早期配种训练 种公貉尤其是年幼的公貉,第一次交配比较困难,一旦交配成功,就能顺利交配其他母貉。因此,对种公貉特别是对年幼种公貉进行配种训练是十分必要的。训练年幼公貉参加配种,必须选择发情好、性情温驯的母貉与其交配,发情不好或没有把握的母貉不能用来训练小公貉。训练过程中,要注意保护公貉,严禁粗暴地恐吓和扑打公貉,注意不要使公貉受到咬伤,不然,种公貉一旦丧失性要求,很难正常配种。

②种公貉的合理利用 为了保证种公貉在整个配种期都保持旺盛的性欲,应做到有计划地合理使用。配种前期和中期,每天每只种公貉可接受1～2次试情放对和1～2次配种性放对,每天可成功交配1～2次。一般公貉连续5～7天每天达成1次交配后,必须休息1～2天才能再放对。配种后期发情母貉日渐减少,公貉的利用次数也减少,应挑选那些性欲旺盛、没有恶癖的种公貉完成晚期发情母貉的配种工作。配种后期一般公貉性欲减退,性情也变得粗暴,有的甚至咬母貉或择偶性变强。对这样的公貉可少搭配母貉,重点使用,以便维持旺盛的配种能力,在关键时用它解决那些难配的母貉。

③提高公貉交配效率 主要通过掌握每只公貉的配种特点,合理制定放对计划。性欲旺盛和性情急躁的公貉应优先放对。每天放给公貉的第一只母貉要尽量合适,力争顺利达成交配,这样做有利于公貉再次与母貉交配。公貉的性欲与气温有很大关系,气温增高会使性欲下降。因此,在配种期应将公貉养在棚舍的阴面,放对时间尽量安排在早晚或凉爽的天气。公貉性欲旺盛时,可抓紧时间争取多配。人声嘈杂和噪声刺激等

不良环境因素,也可使公母貉性行为受到抑制。因此,配种期要尽量保持安静,饲养人员观察时,也尽量不要太靠近放对笼舍,以免惊扰公母貉交配。

(6)配种时应注意的事项

①确认母貉是否真正受配　要求饲养人员要认真观察公母貉交配动作和行为,尤其要注意公貉有无射精动作,以辨真假,必要时可用显微镜检查母貉阴道内有无精子,加以验证。

②防止公貉或母貉被咬伤　给貉放对时,人员不要离开现场,注意观察,一旦发现公母貉有敌对行为,应及时将其分开。

③必要时采取辅助交配措施　个别母貉虽然发情正常,但交配时后肢不能站立或不抬尾,引起难配,此时需人工辅助才能达成交配。辅助交配时要选用性欲强且胆大温驯(最好经一定的训练)的公貉。对交配时不站立的母貉,可将其头部抓住,臀部朝向公貉,待公貉爬跨并有抽动的插入动作时,用另一只手托起母貉腹部,调整母貉臀部位置。只要顺应公貉的交配动作,一般都能达成交配。对于不抬尾的母貉,可用细绳拴住尾尖,固定在其背部,使阴门暴露,再放对交配。注意最好将绳隐藏在毛绒里,以免引起公貉反感。交配后要及时将绳解下。

2. 产仔保洁技术

(1)产仔前的准备工作　母貉妊娠期比较准确,其预产期可以推算出来。如平年2月份配种的母貉的预产期为月份加2,日期不变;如2月8日受配的母貉,预产期为2+2=4月,日期不变为8日,预产期为4月8日;闰年2月份配种的母貉的预产期为月份加2,日期减1,如2月8日受配的母貉,预产期为2+2=4月,日期为8-1=7日,预产期为4月7日;3月份配种的母貂的预产期为月份加2,日期减2,如3月8日受配的母貂的预产期为3+2=5月,日期为8-2=6日,预产期为5月6日;3月1日或3月2日受配的母貂预产期为月份加1,日期加28,如3月2日受配的母貂预产期为3+1=4月,日期2+28=30日,预产期为4月30日。

母貂受配后经过约6　　　　妊娠期便开始产仔,一般在临产前10天应做好产箱的清理、消毒及垫草保温等工作。小室消毒可用2%的碱水洗刷,也可用喷灯火焰灭菌。垫草宜选柔软不易折断、保温性强的山草、软稻草、软杂草、乌拉草等。垫多少草可根据气温灵活掌握,北方寒冷地区可多絮一些。垫草除具有保温作用外,还有利于仔貂抱团和吮乳,有利于毛绒的梳理。所以,即使气温暖和,也应适当加垫草。垫草应在产仔前一次絮足,否则产后缺草临时补充会使母貂受惊扰。

(2)难产的处置　如母貂已出现临产征候,但迟迟不见仔貂娩出,母貂表现惊恐不安,频频出入小室,常常回视腹部并有痛苦状,已见羊水流出,但长时间不见胎儿娩出;或胎儿嵌于生殖孔,久久娩不出来,均有难产的可能。发现难产并确认子宫颈口已张开时,可以进行催产。方法是肌内注射脑垂体后叶素0.2～0.5毫升,或肌内注射催产素2～3毫升。如经2～3小时后仍不见胎儿娩出时,可进行人工助产。方法是先用消毒药液对外阴部进行消毒,之后用甘油润滑阴道,将胎儿拉出,也可借助绳套经阴道伸入套住胎儿局部拉出。如经催产和助产均不见效时,可根据情况进行剖腹取胎,以挽救母貂和胎儿。

(3)产后检查　采取听、看、检相结合的方法进行产后检查,是产仔保活的重要措施。听即是听仔貂的叫声,看则是看母貂的采食、粪便、乳头及活动情况。若仔貂很少嘶叫,叫时声音洪亮,短促有力,母貂食欲越来越好,乳头红润饱满,活动正常,则说明仔貂健康,发育……。……就是打开小室门接检查仔貂情况。先将母貂诱……出小室,……小室门后进行检查。健康的仔貂在窝内……团,发育均匀,……身……肤色深黑,身体温暖,拿在手中挣扎有力。反之,若仔貂在窝内到处乱爬,毛绒潮湿,身体较凉,挣扎无力,……不健康的表现。

检查时饲养人员最好戴上……室内垫草搓手后再拿仔貂,以免手上带有异味……保持……原来形状而引起母貂反感。有些母貂会因检……起不安而出现叼仔貂乱跑的现象。这时应将其哄入小室,……关闭小室门0.5~1小时,即可使其安定。

第一次检查,应在产仔后的12~24小时进行,以后的检查根据听、看的情况而定。由于母貂护仔性强,一般以少检查为好。但发现母貂不护理仔貂,仔貂嘶叫不停且叫声越来越弱时,必须及时检查,采取措施;否则将会耽误抢救,造成损失。

(4)产后护理 主要是通过母貂护理仔貂,确保仔貂成活。由于仔貂是依赖母乳生长的,所以,保证仔貂吃饱乳是提高其成活率的关键。一般产后应及时将母貂乳头周围的毛拔掉,以免影响仔貂吮乳。有的仔貂因寒冷而暂时失去知觉,看起来和死亡一样,经过抢救会活过来,所以不能轻易放弃。应马上将其拿到室内保暖,擦干胎毛,再灌喂少量乳粉加维生素C溶液,多数仔貂很快恢复正常。有些仔貂脐带未被咬断,而缠在脖子上,发现后要立即用消毒后的剪刀将脐带剪断,擦干胎毛放回让母貂哺乳。还有的母貂不在窝箱里而是在笼网上产仔,遇到这种情况要立即将仔貂拣出,剪断脐带,擦干胎毛,放入室内保暖,待母貂产完全部仔貂后,将仔貂一起放回窝箱,交母貂哺乳。遇有母貂缺乳或无乳时,应及时将仔貂交给其他母貂代养。代养母貂应具备有效乳头多、奶水充足、母性强、产仔日期与被代养仔貉相同或相近、仔貉大小也相近等条件。

代养方法是将母貉关在小室内,把被代养的仔貉身上涂上代养母貉的粪尿,然后放在小室门口,拉开小室门,让代养母貉将被代养的仔貉叼入室内。也可将被代养仔貉直接放在代养母貉的窝内,注意不要把垫草窝型弄乱。代养后要观察一段时间,如母貉不接受被代养的仔貉,需更换母貉重新代养。仔貉也可用产仔的母狗、母猫、母狐哺育。

人工哺乳也可以成功,但要注意使仔貉及时、充足地吃到初乳,因初乳中含有许多仔貉必需的免疫球蛋白,这些免疫球蛋白在仔貉出生后约72小时,因肠壁闭锁不能被其吸收。为提高仔貉人工哺乳成活率,增强其免疫力,必须使其吃到初乳。然后再用鲜牛奶、羊奶或奶粉进行人工哺乳。代乳品可用鲜牛奶或羊奶灭菌后加少量饲料添加剂(维生素和矿物质)、蛋白酶配成;还可用奶粉加7~8倍水溶解后每100毫升加20%葡萄糖液3~5毫升。温热(约35℃)时用注射器装好奶汁,在安针头处接上滴管或自行车的气门芯,放入仔貉口中,缓缓推动注射器将奶汁送入仔貉口腔;有的仔貉还会吸吮。开始时每天人工哺乳6次,每次4~8毫升;7~10日龄每天4~5次,每次10~12毫升;15日龄以后每天3~4次,每次15~20毫升;以后根据消化情况逐渐增加,让仔貉吃饱。在哺乳的同时要用棉花或卫生纸轻擦仔貉肛门和尿道口,刺激排便;否则容易胀肚死亡。

整个哺乳期内必须密切注意仔貉的生长发育状况,并以此判断母貉乳汁质量的好坏及数量的多少,遇有母貉乳量少或乳汁质量不好,影响仔貉生长发育时,也应及时进行代养。

(5)仔貉补饲和离乳　仔貉生长发育很快,一般3周龄时即开始吃食,这时可单独给仔貉补饲易消化的糊状饲料。如果仔貉还不大会吃饲料,可将其嘴巴接触饲料或把饲料抹在嘴上,训练其学会吃食。这种补饲方法不仅可以促进仔貉生长发育,而且能起到很好的驯化作用。

45～60日龄以后,大部分仔貉能独立采食和生活,应适时断乳。如仔貉生长发育良好,同窝仔貉大小均匀一致,可一次将母仔全部分开;如同窝仔貉数多,发育不均衡,要分批分期断乳。即将健壮的仔貉先分出,把弱小的暂时留给母貉继续哺乳一段时间,待健壮后再陆续分出。

3. 影响繁殖力的因素及提高繁殖力的措施

(1)影响貉繁殖力的因素 影响笼养貉繁殖力的因素主要有母貉的年龄、驯化程度、营养水平、受配次数、分娩时间及胎产仔数等。一般1～3岁母貉胎产仔数随年龄的增长而提高,3～5岁母貉胎产仔数随年龄增长而减少,而仔貉成活率一般随母貉年龄增长而提高。驯化程度高、营养状况好的母貉胎产仔数较多,仔貉成活率较高。一般受配2次的母貉胎产仔数明显高于受配1次的,而受配3次的明显高于受配2次的,但受配4～5次则没有明显提高,说明母貉的受配次数以3次(持续3天)为宜。在正常分娩时间内,有分娩越晚仔貉成活率越高的趋势,而随胎产仔数的增加,仔貉的成活率有明显下降的趋势,说明母貉有限的泌乳能力在正常情况下只能满足一定数量仔貉生存的需要。另外,仔貉数量多时互相争食、挤压,也是导致成活率降低的原因之一。因此,对于产仔数多的母貉,一定要将其部分仔貉给产仔数少的母貉代养,以提高仔貉成活率。

(2)提高貉繁殖力的综合技术

①选留优良种貉,控制貉群年龄结构,保证稳产高产 生产实践证明,2～4岁母貉的繁殖力最高,因此,在种貉群年

龄组成上,应以经产适龄老貉为主,每年补充的繁殖幼貉不宜超过50%,种貉的利用年限一般为4～5年。

②准确掌握母貉发情期(性欲期),适时配种 这是提高繁殖力的关键。因为,此期交配的母貉能排出较多的成熟卵子,精子与卵子相遇而受精的机会也多,从而可以提高受胎率及产仔率。

③适当复配 保证复配次数,可以降低空怀率,提高产仔数。因为貉的卵泡成熟不是同期的,增加复配可诱导多次排卵,同时也增加了受精机会。生产场提倡多公复配,增加复配次数,可以提高繁殖力。

④平衡营养,保持种貉良好的体况 为准确鉴定种貉体况,最科学的方法是利用体重指数比较法。体重指数即体重(克)与体长(厘米)的比值。较理想的繁殖体况是1厘米体长的体重为100～115克(北方寒冷地区略高些,温暖地区应偏低些)。

⑤合理、科学地使用饲料添加剂 这是发挥貉繁殖潜力的有效措施。维生素和微量元素的供给,不仅是母貉配种、妊娠和产仔泌乳期所必要的,在准备配种期和幼貉育成期也不可忽视,一定要适量提供。

⑥合理利用种公貉 即掌握公貉适当的交配频度,保证营养,中午要补饲,使其在较短的时间内恢复体力;注意检查精液品质,这是保证交配质量,提高公貉利用率的关键。

⑦加强种貉驯化 为正常、顺利配种和产仔泌乳创造有利条件,加强种貉驯化对繁殖力提高有益。应从幼貉育成期开始,尤其是在准备配种期进行驯化效果最好。

⑧加强日常饲养管理 按饲养管理的基本要求,加强日常的饲养管理工作,这是提高貉繁殖力的基础和保障。

三、貂的饲料与营养

貂的饲料包括动物性饲料、植物性饲料和微量元素添加饲料及人工配制的干配合饲料。饲料的供应与组成如何,对貂的健康、繁殖及毛皮质量有很大影响。人工饲养的貂对饲料没有任何选择的余地,所以,饲养人员必须依据其生活习性、不同生物学时期的营养需要,合理地配制和供应饲料。如果其中一个时期饲料供应不足,日粮营养不全价或调配不当,必将影响全年的生产效益。

(一)饲料的营养成分及其功能

饲料所含的营养成分主要有水分、蛋白质、脂肪、碳水化合物、维生素和矿物质,也称蛋白质饲料、能量饲料(脂肪、碳水化合物饲料)和添加饲料(维生素、矿物质饲料),生产实际中应合理地搭配日粮,实行科学养貂,力求做到以最少的饲料消耗,获得最佳的经济效益。

1. 水 分

水是貂不可缺少的营养物质。貂缺水比缺食物反应更敏感,更易引起死亡。

水是机体中多种物质的溶剂。大多数营养物质必须溶于水后才能被机体吸收和利用。同时,貂生命活动过程中所产生的代谢废物,也只有溶于水并通过水溶液的形式排出体外。水可直接参与机体中各种生物化学反应,可调节体温。水存在于各种组织细胞中,使细胞保持一定形状、硬度和弹性。水能润滑组织,减缓各脏器间的摩擦和冲击等。人工养貉必须保证供给充足、洁净的饮水。

2. 蛋白质

蛋白质是一种复杂的有机化合物。主要由碳、氢、氧、氮4种元素组成,有的也含有少量的硫。某些蛋白质还含有微量的铁、铜、碘、钙、磷等元素。蛋白质的基本结构单位是氨基酸,共有20多种。貉对蛋白质的需要,实际上就是对20多种氨基酸的需要。

对貉来说,必需氨基酸有8种,即蛋氨酸、色氨酸、苏氨酸、缬氨酸、苯丙氨酸、亮氨酸、异亮氨酸和胱氨酸。对毛皮的生长直接相关的含硫氨基酸有蛋氨酸、胱氨酸和半胱氨酸3种。

蛋白质在貉的营养上具有特殊的重要意义,它是构成貉机体各种组织的主要成分,其作用是脂肪和碳水化合物所不能取代的。在生命活动中,各种组织需要蛋白质来修补和更新;精子和卵子的产生需要蛋白质;新陈代谢过程中所需要的酶、激素、色素和抗体等,也主要由蛋白质构成。其次,在日粮中缺乏碳水化合物和脂肪而热量不足时,体内蛋白质也可以分解氧化产生热量;日粮中蛋白质多余时,还可以在肝脏、血液和肌肉中贮存,或转化为脂肪贮存,以便营养不足时利用。

蛋白质营养价值的高低,主要取决于其氨基酸特别是必需氨基酸的数量和比例。含有全部必需氨基酸的蛋白质,营养价值高,称为全价蛋白质;只含有部分必需氨基酸的蛋白质称为非全价蛋白质。绝大多数饲料中蛋白质的必需氨基酸是不完全的,所以,日粮中饲料种类单一时,蛋白质的利用率就不高。当2种以上饲料混合搭配时,所含的不同氨基酸就会彼此补充,使日粮中的必需氨基酸趋于完全,从而提高饲料蛋白质的利用率和营养价值,这种作用称为氨基酸互补作用。在貉的饲养生产中,可利用氨基酸的互补作用,合理搭配饲料,以提高蛋白质的利用率和营养价值(表1)。

表1 蛋白质的互补作用

混合蛋白质的来源	氨基酸的互补作用
鱼类+肉类	鱼类色氨酸多,组氨酸少,后者相反
鱼类+肉类副产品(肝、心、肾除外)	鱼类蛋氨酸、异亮氨酸较多,后者则较少
鱼类+禽、兔副产品	鱼类赖氨酸较多,后者少;鱼类亮氨酸少,后者多
肉类+肉类副产品(肝、心、肾除外)	肉类色氨酸、蛋氨酸、组氨酸较多,后者少
肉类或内脏+谷物	前者赖氨酸较多,后者少
玉米+乳类	玉米色氨酸、赖氨酸较少,后者多
玉米+鱼类	玉米色氨酸、赖氨酸少,后者多
小麦+酵母	小麦赖氨酸少,后者多
玉米+小麦+大豆	玉米色氨酸少,小麦、大豆多;玉米、小麦赖氨酸少,大豆多;大豆蛋氨酸少,小麦、玉米多
鱼类+肝脏	鱼类苯丙氨酸少,后者多
干鱼+乳类+蛋类	干鱼在晒制过程中,部分蛋氨酸、赖氨酸被破坏,乳类和蛋类可弥补这一不足

貉对蛋白质利用率的高低,受以下各因素的影响。

(1)饲料中粗蛋白质的数量和质量 饲料中蛋白质过多,会降低貉对蛋白质的利用率,不仅浪费饲料,饲养效果也不理想。但如果蛋白质不足,貉机体会出现氮的负平衡,造成机体蛋白质入不敷出,对生产也不利。貉长期缺乏蛋白质时,会造成贫血,抗病能力降低;幼貉生长停滞,水肿,被毛蓬乱,出现白鼻子、长趾甲、干腿等极度营养不良,越长越小,最后消瘦而死亡。种公貉精液品质下降,母貉性周期紊乱、不易受孕,即使受孕也容易出现死胎、产弱仔等。

(2)饲料中粗蛋白质与能量的比例关系 如果日粮中非

蛋白质能量(脂肪、碳水化合物)供给不足时,机体蛋白质分解增加,尿中排出的含氮物增多,这种饲喂方法既不经济,又不合理。如果貉的日粮中蛋白质偏高,能量偏低,二者比例不当,则貉的采食量相应增加,使饲养成本提高。

(3)饲料加工调制方法　合理调制饲料,如谷物饲料熟制或膨化后可提高貉对植物性蛋白质的利用率。

3. 脂　肪

在饲料成分分析中,所有的能用乙醚提取出的物质,总称为粗脂肪。它包括脂肪、甘油及类脂化合物等。

脂肪是构成机体的必需成分。如生殖细胞中的线粒体、高尔基体的组成成分主要是磷脂。神经组织中含有大量的卵磷脂和脑磷脂,血液中含各种脂肪,皮肤和被毛中含有大量的中性脂肪、磷脂、胆固醇及蜡等。

脂肪是动物体热能的主要来源,也是能量的最好贮存形式。1克脂肪在体内完全氧化,可产生约39千焦(9.3千卡)的热量,比碳水化合物高2.25倍。脂肪参与机体的许多生理活动,如消化、吸收、内分泌、外分泌等;脂肪还是维生素A、维生素D、维生素E、维生素K等的良好溶剂,这些维生素的吸收和运输都依赖于脂肪的参与。

脂肪酸是构成脂肪的重要成分,它可以分为饱和脂肪酸和不饱和脂肪酸两大类。饱和脂肪酸的化学性质较稳定,所构成的脂肪熔点高,碘化值低,不容易被氧化,常温下呈固体状态。不饱和脂肪酸化学性质极不稳定,在脂肪中含量越高,则脂肪的熔点越低,碘化值越高,越容易氧化变质。

动物体生命活动所必需,但体内又不能合成或不能大量合成的,必须从饲料中获得的不饱和脂肪酸,称为必需脂肪酸。在貉的饲料中,亚麻二烯酸、亚麻酸和二十碳四烯酸是必需脂肪酸。实践证明,在繁殖期日粮中不仅要注意蛋白质,对脂肪也不能忽视。必需脂肪酸与必需氨基酸一样重要。

脂肪极易氧化酸败,酸败的脂肪对貉机体危害很大。脂肪的氧化酸败是在贮存过程中所发生的复杂化学反应过程,其特征是脂肪颜色较正常时明显变黄、发苦并出现特殊的臭味。酸败的脂肪和分解产物(过氧化物、醛类、酮类、低分子脂肪酸等)对貉的健康十分有害。由于它们直接作用于消化道粘膜,使整个小肠发炎,造成严重的消化障碍。酸败的脂肪分解物破坏饲料中的多种维生素,使幼貉食欲减退,生长发育缓慢或停滞,严重地破坏皮肤健康,出现脓肿或皮疹,降低毛皮质量。尤其貉在妊娠期对酸败的脂肪更为敏感,会造成死胎、烂胎、产弱仔及母貉缺乳等不良后果。因此,在饲料贮存过程中,要特别注意防止脂肪的氧化酸败。

4. 碳水化合物

碳水化合物是一类含碳、氢、氧3种元素的有机物,其中氧和氢的比例多为1:2,与水相同,故习惯上称碳水化合物。

碳水化合物的主要营养功能是提供能量,剩余部分则在体内转变成脂肪贮存起来,作为能量储备。碳水化合物虽不能转化为蛋白质,但合理地增加碳水化合物饲料可以减少蛋白质的分解,具有节省蛋白质的作用。但日粮中碳水化合物过多,对貉不但无益,而且有害。因为,碳水化合物增多,日粮蛋白质的含量则会相应降低,对貉的生长发育不利。

5. 矿物质

即指饲料中所含有的矿物质成分。在进行饲料化学成分分析时,通过高温灼烧的方法将饲料中的有机物质燃烧掉,剩下的就是矿物质,也称粗灰分。

虽然矿物质在貉体内含量较少(3%~5%),但它有着很重要的营养和生理意义。矿物质是机体细胞的组成成分,直接或间接地参与细胞、组织和器官的各种生理活动,如生长、发育、分泌、繁殖、代谢调控等;矿物质对维持机体组织功能,特别是对神经和肌肉组织的正常兴奋性有极重要的作用;矿物质也参与食物的消化和吸收过程,如胃液中的盐酸及胆汁中的碱性钠盐等,对各种营养物质的消化吸收都是必需的;矿物质还在维持水的代谢平衡、酸碱平衡、调节血液正常渗透压等方面有很重要的生理作用。在营养学上所说的矿物质(亦称无机盐)实际上是指动物机体所必需的常量元素和微量元素所形成的无机盐类。几种主要元素的作用如下。

(1)钙、磷　钙和磷是貂骨骼和牙齿的主要成分,也存在于血液、淋巴液及软骨组织中。因此,对于貂体特别是骨骼的生长发育有极重要的作用。幼貂、妊娠及哺乳母貂对钙、磷的需要量较大。幼貂缺钙和磷时,会出现佝偻病,影响正常的生长发育。

通常貂是按一定比例吸收钙和磷的,一般钙磷的适宜比例为2:1或1:1。骨粉是最好的钙磷补充饲料,一般含钙40%以上,含磷20%以上。此外,也可用磷酸钙、乳酸钙、蛎粉、蛋壳粉或磷酸氢钙等原料补充饲料中的钙或磷,以满足貂的需要。

(2)钠、钾、氯　钠的主要生理作用是维持细胞与血液间的渗透压平衡,维持机体内的酸碱平衡,调节心脏肌肉活动等。钾存在于动物的各种组织中,特别是肝脏、肌肉、血细胞及脑中含量较多。钾对于维持细胞内渗透压及酸碱平衡,维持神经肌肉的正常兴奋性,特别是维持心脏的正常功能等方面有重要作用。此外,钾还参与凝血过程。貂机体缺钠或钾时,幼貂肌肉不能充分发育,心脏功能失调,食欲减退,生长发育受阻。氯在动物体内的分布也较广,大部分存在于血液和淋巴液中,另一部分以盐酸的形式存在于胃液中,在食物消化过程中起重要作用。貉机体缺氯时,胃液中盐酸减少,食欲明显减退,甚至造成消化障碍。鱼、肉饲料中含钾丰富,一般不至于造成貉缺钾。为满足钠和氯的需要,可在貉饲料中添加少量食盐,一般每只每天2～3克。

(3) 镁、硫　镁主要存在于貉骨骼中,与钙磷代谢及碳水化合物代谢密切相关。镁供给不足时,可引起骨骼钙化不良,发生神经性震颤。硫是含硫氨基酸(半胱氨酸、胱氨酸、蛋氨酸)的重要成分,也是硫胺素和生物素的组成成分,在碳水化合物代谢及蛋白质代谢中起着极重要的作用。缺硫会影响胰岛素的正常功能,导致血糖增高,有时会引起食毛症,严重影响毛皮品质。

(4) 铁、铜等微量元素　除上述元素外,貉还需要铁、铜、钴、碘、锰、硒、锌等微量元素。铁、铜、钴都是造血所不可缺少的元素,它们相互起协同作用,缺一不可,缺乏时可引起貉贫血。铁是血红蛋白、肌红蛋白及各种氧化酶的组成成分,在血液运输氧及细胞内的生物氧化过程中起着重要的作用。铜虽不是血红蛋白的主要组成成分,但对其形成有催化作用;铜还与骨骼的发育、中枢神经系统的正常代谢有关,也是机体内许多酶的组成成分,对调节酶活性进而调节机体许多代谢反应有重要作用;铜还与毛皮生长发育有关,缺乏时可引起貉毛皮发育不良,严重影响毛皮质量。钴是维生素B_{12}的重要组成成分,缺乏时可影响铁的代谢。锰的主要作用是促进体内钙、磷的代谢及骨骼的形成、生殖、胚胎发育等过程的正常进行,机体缺锰时可引起骨骼发育异常。碘是形成甲状腺素所必需的元素,机体缺碘时主要表现为甲状腺肿及代谢功能降低,生长发育受阻,繁殖能力下降乃至丧失等。锌是构成碳水解酶的金属元素,起着催化体内碳合成及分解的作用。硒是貉营养中不可缺少的、生物活性很高的微量元素。硒是谷胱甘肽过氧化物酶的活性成分,该酶具有保护肝脏和红细胞结构与功能的重要生理作用。硒的代谢作用与维生素E相近,两者互相协同,但不能互相代替。貉缺硒时可引起白肌病。

6. 维生素

维生素是一类维持机体正常生理功能所必需的小分子有机化合物。它们虽然在饲料及貉体中含量很少,但对调节机体各种代谢反应正常进行有极重要的作用,因此是必不可少的。饲料中一旦缺乏维生素,就会使机体生理功能失调,发生维生素缺乏症。

维生素可概括为水溶性维生素和脂溶性维生素两大类。水溶性维生素主要包括B族维生素和维生素C,因其易溶于水而得名;脂溶性维生素是一类易溶于脂肪而不溶于水的维生素,主要包括维生素A、维生素D、维生素E、维生素K等。几种维生素对貉机体的主要功能如下。

(1)水溶性维生素

①维生素B_1 又叫硫胺素或抗神经炎维生素。貉等单胃动物基本上不能合成维生素B_1,全靠日粮提供来满足需要。机体缺乏维生素B_1时,碳水化合物代谢强度及脂肪利用率大大降低,貉表现出食欲减退、消化功能失调、后肢麻痹、强直震颤等多发性神经炎症状。妊娠母貉缺乏维生素B_1时,产生的仔貉色浅,生活力弱。酵母、糠麸、豆粉、动物内脏、乳、蛋及一些新鲜蔬菜中含维生素B_1较多。每只貉每天的维生素B_1供给量为3~5毫克。多数淡水鱼类及部分海产鱼类体内含有硫胺素酶,可破坏维生素B_1而导致缺乏症,饲喂时必须熟制,以破坏其所含硫胺素酶。

②维生素B_2　又叫核黄素。较广泛存在于动物肝脏及卵黄、糠麸类饲料、青绿饲料、发酵饲料及酵母中。机体缺乏维生素B_2时,常因机体代谢障碍而导致唇炎、口角炎、舌炎、皮炎、生长受阻及脱毛等症状发生。貂每只每天维生素B_2的供给量为2~3毫克。

③泛酸　又称遍多酸。缺乏时幼貂虽有食欲,但生长发育受阻,导致体质衰弱;成年貂则可能出现生殖障碍而影响繁殖力,冬毛期会出现毛绒变白等现象。因泛酸在自然界中存在广泛,很少出现缺乏现象,但在治疗其他B族维生素缺乏症时,同时给以适量的泛酸,常可以提高疗效。

④胆碱　缺乏时可导致肝脏脂肪沉积过多而形成脂肪肝,可引起幼貂生长发育不良,母貂乳量不足。一切天然脂肪饲料中均含有胆碱。

⑤烟酸　又称尼克酸、维生素PP,也叫抗癞皮病维生素。在貂体内大部分以尼克酰胺形式存在。貂缺乏烟酸时,引起机体生物氧化功能紊乱而出现食欲减退、皮肤发炎、被毛粗糙等症状。

⑥维生素B_6　包括吡哆醇、吡哆醛、吡哆胺3种化合物。此3种物质结构相似,对貂有相同的生理活性。缺乏时主要表现为痉挛,生长停滞并出现贫血和皮肤炎。维生素B_6大量存在于酵母、植物子实、动物肝、肾及肌肉中。

⑦生物素　生物素广泛存在于大豆、豌豆、奶汁、蛋黄及青绿饲料中,对机体各种有机物质的代谢均有影响。貂缺乏生物素时,出现精神抑郁、疲倦、食欲不振、贫血、呕吐、舌及皮肤发炎、毛绒脱落等症状。禽蛋蛋清中含有一种抗生物素蛋白,可使生物素的生物活性受到抑制,因此,用蛋清饲喂貂时应蒸煮熟制,以破坏其抗生物素蛋白。

⑧叶酸　叶酸是防止恶性贫血的一种维生素,与核酸及蛋白质的生物合成作用有密切关系。缺乏时可导致动物发生特殊的巨红细胞贫血症,出现生长停止和白细胞减少等症状。植物子实及块茎、块根中含有较丰富的叶酸。

⑨维生素 B_{12}　又叫抗贫血维生素,因含有钴,故又称钴胺素、钴维生素或氰钴维生素。它的主要作用是调节骨髓的造血功能,与红细胞成熟密切相关。缺乏时血液红细胞数降低,神经敏感性增强,严重影响繁殖力。维生素 B_{12} 仅存在于动物性饲料中,以肝脏含量较高。只要保证供给貉一定量的品质新鲜的动物性饲料,一般可防止维生素 B_{12} 缺乏症的发生。

⑩维生素C　又叫抗坏血酸或抗坏血维生素。它参与细胞间质的生成及体内氧化还原反应,并具有解毒作用。维生素C缺乏时,仔貉易患红爪病。该病发病率较高,应注意在饲料中,特别是妊娠、哺乳母貉及仔貉饲料中补充维生素C。青绿多汁饲料及水果中维生素C含量丰富。貉每只每天的维生素C供给量为30～50毫克。

(2)脂溶性维生素

①维生素A　可促进细胞的增殖和生长,保护各器官上皮组织结构的完整和健康,维持正常视力,可促进幼貉生长,使骨骼发育正常并提高对各种传染病的抵抗力,还参与性激素的形成,提高繁殖力。维生素A缺乏时,会引起幼貉生长发育停滞,表皮及粘膜上皮严重角质化,严重影响繁殖力及毛皮品质。维生素A在动物性饲料中含量较多,如海鱼、鱼残料、鲸肝、乳类、蛋类等。貉每只每天供给量为800～1 000单位。在补饲维生素A的同时,适当增加脂肪和维生素E的给量,会提高其利用率。

②维生素D　又称骨化醇、钙化醇、抗佝偻病维生素。其

功能是维持正常的钙、磷代谢,因而对骨骼的正常生长发育有极重要的作用。缺乏时不仅会出现软骨症,阻碍生长,还会严重影响繁殖功能。维生素D主要靠鱼肝油供给,动物肝脏、乳类、蛋类中也含有一部分。维生素D每只每天的供给量应不少于100~150单位。

③维生素E 又称生育酚、抗不育维生素。它是一种有效的抗氧化剂,对维生素A具有保护作用,参与脂肪的代谢,维持内分泌的正常功能。它可使性细胞正常发育,提高繁殖性能。缺乏维生素E的主要症状是母貉虽能怀孕,但胎儿很快就会死亡并被吸收;公貉的精液品质下降,精子活力减退,数量减少,乃至消失。另外,由于脂肪代谢障碍,出现尿湿病等。维生素E的供给量以幼貉生长期及种貉繁殖期最高,每只每天供给30~50毫克,其他时间可酌减。植物子实的胚中含有丰富的维生素E。

④维生素K 又叫抗出血维生素。是维持血液正常凝固所必需的物质。维生素K有维生素K_1和维生素K_2 2种,维生素K_1主要存在于青绿植物中,维生素K_2主要存在于微生物体内。人工合成的维生素K,即甲基萘醌,称为维生素K_3。貉的维生素K缺乏症较少见,但消化道功能紊乱或长期使用抗生素抑制了肠道微生物对维生素K的合成作用,偶尔也会发生维生素K缺乏症。其症状是口腔、齿龈、鼻腔出血,凝血时间延长,粪便有黑红色血液,剖检时可见整个胃肠道粘膜出血。一般貉饲料中保证供给新鲜蔬菜即可预防维生素K缺乏。

(二)饲料的种类及利用

貉为杂食性动物,其可利用的饲料种类很多,其类别、品种分列于表2。

表2　貂饲料的种类

类别	包括的饲料种类
动物性饲料：	
鱼类饲料	各种海鱼和淡水鱼
肉类饲料	各种家畜、家禽及野生动物肉
鱼及肉类副产品饲料	水产加工副产品（鱼头、鱼骨架、内脏等），畜禽副产品（内脏、头、蹄、血及骨架等），软体动物和虾类，动物油及渣等
干动物性饲料	肉粉、肉骨粉、鱼粉、干鱼、血粉、肝渣粉、羽毛粉、蚕蛹粉、干蚕蛹、干蛤肉等
乳及蛋类饲料	牛乳、羊乳、各种禽蛋及毛蛋、石蛋等
植物性饲料：	
子实类饲料	玉米、高粱、小麦、小米、大米、大豆等
子实副产品	麸皮、米糠、豆饼、豆粕、棉籽饼、花生饼、葵花籽饼等
果蔬类饲料	次等水果、各种蔬菜、红薯、马铃薯、山药等
添加饲料：	
维生素饲料	麦芽、酵母、鱼肝油、棉籽油、维生素A、维生素E、维生素B_1、维生素B_2、维生素C、维生素H、维生素K及复合维生素等粗制品和精制品
矿物质饲料	骨粉、石粉、贝壳粉、食盐、磷酸氢钙及微量元素镁、硫、铁、铜、钴、碘、锰、锌、硒等混合制剂
其他饲料	赖氨酸、蛋氨酸、苏氨酸、胱氨酸及复合菌、益生菌、乳酶生、抗氧化剂、抗生素、诱食剂、粘合剂等
干配合饲料	优质鱼粉、肉粉、肝粉、血粉为主，配合谷物粉及氨基酸、矿物质、维生素等

1. 动物性饲料

主要包括鱼类饲料、肉类饲料、鱼及肉类副产品饲料、干动物性饲料、乳及蛋类饲料等。

(1)鱼类饲料 是貂动物性蛋白质的主要来源之一。我国沿海地区、内陆江河及湖泊水库，每年出产大量的小杂鱼，除了河豚等含毒鱼类外，绝大部分海鱼和淡水鱼均可作为貂的饲料。有些鱼类(如鲛鳒鱼、鲂鲅鱼、油扣子鱼等)含水量大，内脏大并有苦味，适口性较差，营养价值低，喂量不宜过大。

鱼类饲料含动物性蛋白质量较高，含脂肪也比较丰富，还含有维生素A、维生素D及矿物质等。其消化率几乎与肉类饲料相同(仅比牛肉消化率低2%～3%)。海杂鱼类饲料来源较广，价格较低，能满足貂各生物学时期的营养需要，所以可作为貂的常年饲料。

鱼类饲料因种类不同，其营养价值不同，能量含量也有很大差异。海杂鱼的含热量一般为3.35～3.77兆焦/千克。动物性饲料以鱼类为主时应注意脂肪的含量，在繁殖期，应喂以质量较好、蛋白质含量较高的鱼类(如海鲇鱼、偏口鱼等)，秋冬换毛季节可喂些脂肪含量较高的鱼类(如带鱼)，其他时期可以喂些廉价的杂鱼。

给貂喂鱼类饲料时，一定要注意品质是否新鲜。因为，鱼类体内不饱和脂肪酸含量较高，贮存不当时极易氧化酸败并产生过氧化物，分解出毒素，可以破坏饲料中的各种营养物质，喂后易引起食物中毒。喂脂肪酸败的鱼类还会引起脂肪组织炎、出血性肠炎、脓肿病和维生素缺乏症等，如喂给妊娠母貂，则能引起母貂空怀、死胎、烂胎，严重影响生产。因此，鱼类饲料应尽量在低温冷冻条件下贮存，并尽量缩短贮存时间。在饲喂前应认真检查其品质。

新鲜鱼类饲料生喂比熟喂营养价值高，但部分海鱼（如狼牙鳂虎鱼、香鱼等）和大部分淡水鱼（特别是鲤科鱼类）含有硫胺素酶（维生素 B_1 酶），可破坏维生素 B_1，如长期生喂易引起维生素 B_1 缺乏症，因此均应熟喂，熟制后能破坏硫胺素酶。如这些鱼类饲料质量很好，考虑熟制会影响其营养价值，可采取生、熟交替饲喂的方法，或者喂这些鱼时不供给富含维生素 B_1 的饲料，不喂这些鱼时，再供给维生素 B_1 含量较高的饲料。交替饲喂时应注意生喂的时间不宜过长。

鱼类饲料应尽量与肉类及肉类下脚料等饲料混合饲喂，以加强营养物质的互补作用。

（2）肉类饲料　肉类饲料是营养价值很高的全价蛋白质饲料，它含有与貉机体相似数量和比例的全部必需氨基酸，同时含有脂肪、维生素和矿物质等营养物质。

貉对几乎所有动物的肉类均可采食。瘦肉中蛋白质含量高，其他各种营养物质含量也很丰富，适口性强，消化率也高，是饲料中的理想品种。但价格一般较贵，须根据经济效益适当应用。

新鲜的肉类可以生喂，适口性强，消化率高。对来源不清或不新鲜的肉类应该进行无害化处理后熟喂。熟制后由于蛋白质凝固，消化率降低，重量上也有损失，所以，熟喂时肉的重量应比生喂时增加10%左右。

新鲜碎骨连同骨上的残肉也是貉的肉类饲料的一部分，含粗蛋白质约20%，热量约5兆焦/千克，同时可起到补充钙、磷的作用，有一定的利用价值。用鲜碎骨及肋骨、小骨架（如兔骨架）喂貉时，可连同残肉一起粉碎饲喂。较大的骨架可用高压锅或蒸煮罐高温软化后应用，或烧成骨灰用以补充矿物质。鲜骨喂量一般占动物性饲料的10%～15%。

痘猪肉经高温处理后也可用以喂貉。一般熟制后含蛋白质27%、脂肪22%,由于脂肪含量多,日粮中可占动物性饲料的20%左右,不宜过高。

鼠类也可以捕来喂貉。特别是缺少饲料的专业户,更应充分利用这一天然资源。捕鼠喂貉既可消灭鼠害,又可解决饲料资源不足的问题。鼠肉营养价值较高,饲喂效果较好。但应注意不要用剧毒化学药品(如磷化锌)灭鼠,最好用鼠夹或鼠笼捕鼠。否则,貉吃了被药物毒死的鼠类也能中毒,甚至有死亡的危险。另外,对野鼠还应进行无害化处理后饲喂,以免感染传染病或寄生虫病等。

狗肉喂貉一般应高温熟喂,以免狗的疾病(尤其是犬瘟热和旋毛虫病)传染给貉。其用量可占动物性饲料的25%左右。

兔肉是一种高蛋白质、低脂肪的优质饲料,利用兔肉及其下杂喂貉的效果比较理想。

公鸡雏的营养价值全面,如果配合海杂鱼喂饲,效果甚好。可占日粮的25%~30%,用时要蒸煮熟制。

全羊羔肉也是貉的全价饲料,用时要将内脏去掉煮熟处理后再喂。可占日粮的30%~40%。

狐、貉、貂胴体是取皮时的副产品,产量不小且是全价蛋白质饲料,可用来喂貉,但要注意不要同品种自食,另外,繁殖期最好不用。为避免疾病互相感染,最好要熟制后利用。

(3)鱼及肉类副产品饲料 鱼及肉类副产品饲料也可用来满足部分蛋白质需要。这类饲料中除心脏、肝脏、肾脏外,大部分蛋白质消化率较低,生物学价值不高。原因是结缔组织和矿物质含量高,某些氨基酸含量过低或比例不当。

①鱼类副产品 我国沿海地区和水产制品厂有大量的鱼头、鱼骨架、内脏及其他下脚料资源,这些废弃物都可用于养

貉。新鲜骨架可以生喂,繁殖期喂量不能超过动物性饲料的20%;幼貉生长期和冬毛生长期可增加到40%。动物性饲料的其余部分应尽量选择质量好的海杂鱼或肉类,否则易因营养不全价而造成不良的效果。新鲜程度较差的鱼类副产品应熟喂,特别是内脏不易保鲜,熟喂较安全。

②畜禽副产品　包括畜禽的头部、四肢下端及内脏等,也叫畜禽下杂。

肝脏是较理想的全价饲料,含20%左右的蛋白质、5%的脂肪及多种维生素和矿物质,是貉繁殖期及仔貉育成期的必要饲料。肝一般宜生喂。由于肝有轻泻作用,故喂量不宜太多,一般可占动物性饲料的15%～20%,且应由少到多逐渐增加用量,以免引起腹泻。

心脏、肾脏的蛋白质和维生素含量都十分丰富,适口性好,消化率高,略次于肝脏。由于来源有限,一般多在繁殖期喂给。新鲜心脏和肾脏应生喂。

肺脏含有一定量的蛋白质、铁和维生素,但蛋白质不全价,结缔组织含量高,消化率低,因而营养价值不高。肺脏对胃肠有刺激作用,貉食后易发生呕吐现象,而且常带有病原菌和寄生虫,故宜熟喂。喂量可占动物性饲料的10%～15%,不宜过多。

畜禽胃肠也可喂貉,但营养价值不高。一般粗蛋白质含量为14%左右,脂肪含量为1.5%～2%,维生素及矿物质的含量更低。新鲜的胃、肠适口性较好,但常带有病原菌及寄生虫,所以,应灭菌熟喂。胃、肠可代替部分肉类饲料,但其喂量不能超过动物性饲料的20%～30%,日粮中如用胃、肠时,应适当增加饲料量。

脑含有大量的卵磷脂和各种必需氨基酸,营养价值很高,特别是对貉的生殖器官发育有促进作用,故常称为催情饲料。因其来源有限,一般在准备配种期和配种期适当喂给。脑还对貉毛绒生长和改善毛绒品质有一定的好处。

血的营养价值较高,含有17%～20%的蛋白质和大量易于吸收的必需元素(如铁、钾、钠、钙、磷、镁、氯、锰等),还有少量的维生素等。血熟制后消化率比鲜血有所降低,所以新鲜血最好生喂,陈血要熟喂,血粉和血豆腐可直接混于饲料内投给。日粮中血的用量可占动物性饲料的10%～15%,因血中含有较多的矿物质,对貉有轻泻作用,所以喂量不宜过多。

兔头是兔肉加工的副产品,可以绞碎喂貉,营养价值也较高。兔头可按动物性饲料量的30%搭配使用,但在繁殖期用量不宜过高,以免因蛋白质不足而造成不良后果。

禽类副产品,如头、爪、翅膀及内脏等均可绞碎混合喂貉,但一定要清洗干净。这类饲料可按动物性饲料量的20%左右饲喂。

应当说明的是,在母貉繁殖期应避免使用含雌激素的畜禽内脏(如子宫、胎盘、胎儿)及使用雌激素(己烯雌酚)处理过的畜禽肉,否则会造成母貉生殖功能紊乱,使受胎率下降,产仔数明显减少,甚至导致全群不孕。

(4)乳及蛋类饲料　乳类饲料主要包括牛、羊鲜乳和酸凝乳、脱脂乳、乳粉等乳制品,为营养成分十分丰富的全价饲料,含有貉易于消化吸收的各种营养物质,如蛋白质、脂肪、矿物质及多种维生素。乳品蛋白质含有全部的必需氨基酸,各种氨基酸的比例与貉的需要相似,而且极易消化吸收。

乳品类能提高其他饲料的消化率和适口性,牛乳还有解除玉米面中含有的一种特殊有毒物质毒性的作用。由于价格原因,乳品类饲料一般只在貉繁殖期饲用,它可以促进母貉的泌乳和仔貉的生长发育。在日粮中不应超过总量的30%，用量过多不仅不经济，且易引起貉下痢。

乳品类特别是鲜乳，是细菌生长繁殖的良好环境，夏季湿热环境中更易酸败变质，所以，对乳品类饲料要注意保存，禁用酸败变质的乳品喂貉。当发现鲜乳中的乳蛋白大量凝固并出现酸味时，说明已酸败不能喂貉。鲜乳需加热至70℃～80℃，消毒15分钟后再喂貉。

乳粉调制成乳粉汁后，成分与新鲜乳基本相同，只是维生素和糖类稍有损失。饲喂乳粉时，需先把乳粉放在温度降到30℃～40℃的开水中搅匀，待开始调制混合饲料时，用清洁的水冲淡7～8倍（混合饲料过稀时，可冲淡到3～4倍）。乳粉要现用现冲，一般冲淡后放置的时间不超过2～3小时，放置时间过长易造成酸败变质。

各种禽（鸡、鸭、鹅）蛋类是貉营养价值较高的全价饲料。主要用于配种期和妊娠期，一般可占动物性饲料的5%～10%。另外孵化中甩出的石蛋（未受精卵），1～3日照出的毛蛋，营养价值不低于原蛋，可充分利用。一定要熟制后再用，这样一方面可杀死病原微生物，另一方面可避免蛋中的抗生素物质破坏饲料中的B族维生素。最好是将蛋打破、搅碎后用沸水冲均匀，饲喂效果更好。

(5)干动物性饲料　主要包括水产品加工厂生产的鱼粉，肉联厂生产的肉粉、肉骨粉、肝渣、羽毛粉等，缫丝工业副产品干蚕蛹粉及淡水干杂鱼和海干杂鱼等。

鱼粉蛋白质含量最高达65%以上，最低55%，一般在60%左右；含盐量为2.5%～4%。质量好的鱼粉可占动物性饲料的20%～25%，但日粮总量要相应提高10%～15%，因鱼粉的消化率较鲜动物性饲料低一些。饲养貉用的鱼粉最好是真空速冻干燥的,制鱼粉的原料越新鲜越好。

干鱼养貉的关键是要注意干鱼的质量。干鱼晒制前一定要保持新鲜,严格防止腐败、发霉、变质。在晒制过程中,干鱼中某些必需氨基酸、脂肪酸和维生素遭到不同程度的破坏,因而应尽量避免貉日粮中单纯使用干鱼为动物性饲料,要与鱼、肉、肝、乳等鲜动物性饲料搭配使用,并注意增加酵母、维生素B_1、鱼肝油和维生素E的喂量。特别是在繁殖期,更应如此。

其他干动物性饲料,如肝渣粉、血粉、羽毛粉、蚕蛹粉等也可用以喂貉,但要严格检验其新鲜度,防止发霉变质。

干动物性饲料的用量不宜过高,一般应不超过动物性饲料的30%。使用干动物性饲料时,大部分要彻底经水浸洗出盐分后才能饲喂。一些质量好的干粉类可直接混于饲料中饲喂。利用干动物性饲料时,最好加少量鲜血、鲜奶,这样既可以提高适口性,又可提高饲料的营养价值。

2. 植物性饲料

包括各种谷物、油料作物和各种蔬菜,是碳水化合物的重要来源,也是貉热能的基本来源。

(1)谷物饲料 主要有玉米面、面粉、麦麸、米糠、高粱面、豆面、豆饼、花生饼、向日葵饼、亚麻籽饼等。其中各种油料作物子实中含有35%～48%的粗蛋白质,富含有利于毛绒生长的含硫氨基酸(胱氨酸和蛋氨酸)以及某些必需的不饱和脂肪酸。但各种油料作物子实中含5%～14%的纤维素,故用量不宜过多,一般不超过谷物饲料的30%。貉在不同饲养时期对谷物的需要量也不同,一般日粮中按50%～60%熟制品的比例搭配。

谷物类饲料一般以糠、粉的形式混合熟制后饲喂。因为,植物性饲料经粉碎和高温蒸制或烘烤后可使其细胞壁受到破坏,从而使营养物质直接受消化酶的作用,有利于消化吸收。各种谷物饲料混合饲喂,能提高营养价值。

豆类和麦麸的纤维含量高,有刺激胃肠道加强其蠕动和分泌的作用。但喂量不宜超过谷物饲料量的30%,不然易引起貉消化不良和下痢。

(2) 果蔬类饲料　主要包括各种蔬菜、野菜和次等水果。喂貉常用的蔬菜和野菜有白菜、大头菜(甘蓝)、油菜、菠菜、甜菜、莴苣(生菜)、茄子、西葫芦、番茄、胡萝卜、苦菜叶、蒲公英等,也有用豆科植物的牧草和绿叶的。

青绿新鲜的蔬菜宜生喂,因生喂可避免维生素和可溶性盐类的损失。另外,蔬菜生喂可增强饲料的适口性并有助于消化。果蔬类饲料含大量水分,多属碱性饲料,所以具有调节饲料容积和平衡酸碱度的功能,对母貉的妊娠、产仔及泌乳都大有好处。

果蔬类饲料含热量不高,在合理的日粮配合中仅占3%～5%(热量比)。

果蔬类饲料利用前必须摘除腐烂部分并充分洗涤,同时要了解是否有残存农药,以防中毒。

3. 添加饲料

主要用以补充貉生长发育必需的而在一般饲料中不足或完全缺乏的营养物质。主要有各种维生素与微量元素。

(1) 维生素饲料　常用维生素有14种。脂溶性维生素有维生素A(视黄醇)、维生素D(骨化醇)、维生素E(生育酚)、维生素K(抗出血维生素)4种;水溶性维生素有维生素B_1(硫胺素)、维生素B_2(核黄素)、维生素B_3(泛酸)、胆碱、维生素B_5(烟酸、烟酰胺)、维生素B_6(吡哆醇)、维生素B_7(生物素)、维生素B_{11}(叶酸)、维生素B_{12}(氰钴素)、维生素C(抗坏血酸)等。目前使用较多的有鱼肝油、酵母、麦芽、棉籽油及其他富含维生素的饲料。也可使用各种维生素精制品。

鱼肝油是维生素A和维生素D的主要来源。可按每只每天800～1000单位投喂,最好在分食后滴于盆内饲喂。如果饲喂浓缩或胶丸状的精制鱼肝油时,需用植物油低温稀释。如果常年有肝脏和鲜海鱼时,可不必补饲鱼肝油。鱼肝油中的维生素A易被氧化破坏,保管时要注意密封,置于阴凉干燥和避光处,不宜使用金属容器保存。使用鱼肝油要注意出厂日期,以防久存失效而造成浪费。禁止饲喂变质的鱼肝油。

小麦芽是维生素E的重要来源,并含有磷、钙、锰和少量的铁,是貂繁殖期用以补充维生素E、提高繁殖力的重要饲料。

小麦芽的制法:将淘洗干净的小麦放入加有少许食盐的清水中,浸泡10～15小时,捞出后,平铺于木盘内,厚约1厘米,盖上纱布,放于15℃～20℃的避光处培养。每天洒水2次,始终保持麦粒清洁湿润。经3～4天即可生出淡黄色麦芽。一般1千克小麦可生出2千克黄色麦芽,每千克黄色麦芽中含维生素E 250～300毫克。禁止喂根部霉烂或生有网状白色真菌的麦芽。

棉籽油也是维生素E的重要来源。每千克棉籽油一般可含维生素E 3克。喂貂时应采用精制棉籽油,因为粗制棉籽油中含有棉酚等毒素。

维生素E具有防止脂肪氧化的作用,应尽量保证常年供给。有些谷物及其副产品,如玉米面、苏籽油等也含有抗氧化物,与动物性饲料混合饲喂,对保证日粮的营养价值有一定好处。

酵母不但是B族维生素的主要来源,而且是浓缩的蛋白质饲料。经常使用的酵母有面包酵母、啤酒酵母、药用酵母和饲料酵母等。

在使用酵母时，除药用和饲用酵母外，均应加温处理，以杀死酵母中所含有的大量活酵母菌，否则貉采食活酵母菌后会发生胃肠臌胀，严重的可导致死亡。此外，不加温处理的活酵母利用率极低，仅有17%的维生素能被利用，经加温处理后的酵母，其维生素可全部被利用。但B族维生素遇碱或热都会被破坏，所以，灭菌时用70℃～80℃热水浸烫15分钟即可。确无活菌的酵母（如饲料酵母），也可不经加温处理，用水调匀后即可饲喂。如将酵母和蔬菜搅拌在一起，饲喂效果更佳。使用酵母时，要与碱性的骨粉分开喂饲，以防酵母中的B族维生素遭破坏。

日粮中供给干酵母时，每只可按5～8克计算；如用液态酵母，用量应增加5～7倍。日粮以肉类为主时，酵母用量可酌减；以鱼类为主时，应适当增加用量。

养貉时也可添加精制品单一维生素或复合维生素制剂，以满足貉对各种维生素的需要。使用维生素精品时，一定要注意按使用说明饲喂。

(2)矿物质饲料　貉所需要的各种矿物质饲料，如钙、磷、钠、氯、镁、钾、硫、铜、铁、锌、锰、钴、碘、硒等的无机盐类，有20多种，有些在一般饲料中可以满足，有些则需适当补给。一般貉需添加的矿物质饲料主要有骨粉和食盐等。

骨粉是骨骼经蒸煮干燥后磨成的粉末，是貉所需钙和磷的主要来源。骨粉一般含钙40%、磷20%。骨粉需常年供给，尤其是繁殖季节，对母貉和育成貉更为重要，应提高供给量，每只每天10～15克。日粮中如能经常供给鲜碎骨或以鱼为主的饲料，可不加骨粉。

食盐是钠和氯的补充饲料,一般每只每天供给量为2~3克,过多易引起食盐中毒。日粮以海杂鱼为主时,可少加或不加食盐。

目前已有饲料添加剂面市,它采用科学配方,全方位地补充貉所需的各种维生素和微量元素,不妨试喂一下。

(3) 特种饲料 它既不是貉生命活动中所必需的营养物质,也不是饲料中的营养成分,而是对饲料的贮存、品质改进或对貉机体健康有良好作用的物质,主要包括抗生素及抗氧化剂等。

抗生素是抑制多种微生物生长的物质。在貉日粮中供给少量的抗生素,可以促进生长,提高幼貉的成活率,防止发生疾病,同时有利于饲料贮藏,延缓腐败。但不能长时间或超量使用,它能破坏胃肠道内的微生物群正常功能,对消化不利。目前经常采用的抗生素主要有畜用土霉素、畜用四环素等。

多种酶制剂如蛋白酶、脂肪酶、淀粉酶和纤维素酶等;有益微生物如乳酸芽孢杆菌、粪链球菌、乳酸菌、双歧杆菌等;生长因子等,都对饲料的消化吸收有益。

抗氧化剂是抑制饲料脂肪酸败的物质。在貉的日粮中供给少量抗氧化剂,可提高貉群的成活率,还可预防发生脂肪组织炎。

4. 干配合饲料

干配合饲料以优质鱼粉、肉粉、肝粉、血粉作为动物性蛋白质的主要来源,配合谷物粉及氨基酸、矿物质、维生素等添加剂制成,分为颗粒状和粉状2种。配方中注意了各种营养物质的配合,保证了营养的全价性,基本上可满足貉生长发育的需要,饲喂效果较好。由于干配合饲料成本较低、营养全价、易贮易运、饲喂方便,因此有很高的应用价值。目前干配合饲料在养貂业中已广泛应用,这将对推动养貂业向大规模、集约化生产方向发展,起到促进作用。

(三)饲料的品质检验

饲料品质对养貂效果有很大影响,检验饲料品质的优劣,是养貂场的一项重要工作。饲料品质检验的方法主要包括外观、物理和化学检验法。这里主要介绍外观检验法。

1. 肉类饲料的品质检验

很多传染病是貂和家畜共患的,如布氏杆菌病、马鼻疽、结核、巴氏杆菌病、犬瘟热、副伤寒等。所以,在利用牲畜肉之前首先应进行食品卫生检验,查明有无病原污染,以防贸然喂貂而传染疾病。其次,对肉的新鲜度也要进行鉴别(表3)。

表3 肉类新鲜程度鉴别

项目	新鲜肉	变质肉
外观	表面有微干燥的外膜,呈淡红色。切面稍湿润,不粘	表面过于干燥或湿润,呈灰色或淡绿色。切面呈灰绿色或淡绿色,发粘,有发霉现象
硬度	质地紧密,富有弹性	质地松软,弹性小,严重变质时一触即破
气味	无酸败味	有酸败味
脂肪	无污秽、粘液、臭味,不发霉。煮肉汤透明、芳香、表面聚集油滴	有污秽、粘液及油脂酸败臭味,有发霉现象。煮肉汤混浊、有臭味,油脂有酸败气味

失鲜的肉类严禁喂貂,特别是严禁喂处于妊娠期的母貂。因为,肉类在变质过程中除营养物质被分解外,还可产生肉毒

毒素等有害物质,可使貉产生中毒现象,甚至死亡;妊娠母貉出现流产现象。轻微变质的肉,经清洗消毒和高温处理后可以利用。但对可疑的肉类,虽经无害化处理,也应先少量试喂,证明无不良影响后,再大群投喂。

2. 鱼类饲料的品质检验

鱼类因含不饱和脂肪酸较多,贮存不当时极易腐败变质,饲喂前一定要做好品质检验工作。鱼类饲料新鲜度的识别见表4。

表4 鱼类新鲜程度的识别

项目	新鲜鱼	变质鱼
软硬程度	淡水鱼:头朝上举起时,鱼体挺直	变软
	海鱼:横放时,鱼体平直	下垂
鳃	呈粉红色,无异味	呈紫红色、褐色或灰白色,有恶臭味
眼	透明、饱满	角膜污浊,眼球下陷
体表	完整无损伤,具有一层透明粘液,有光泽,无异味	不完整,粘液呈黄绿色,暗淡无光泽,有腥臭味,鳞易脱落
腹部	坚实,无腐臭味	膨大垂软,有腐臭味
肛门	不外翻	外翻
剖检	正常	脊椎两旁肌肉红染,内脏黄染,严重者骨肉分离,胆汁外溢,肠道污染呈绿色

3. 乳类饲料的品质检验

以牛乳为例的乳品饲料新鲜度的识别见表5。

表5 乳品饲料新鲜度的识别

项目	正常乳	缺陷乳	
		缺陷表现	缺陷来源
色泽	白色或淡黄色(脂肪、色素)	蓝色、红色等 过白(苍白、淡黄) 淡蓝色 粉红色	细菌 饲料 取出脂肪或加水 血液
状态	液态,煮沸不凝结,均匀一致,不粘滑,无絮状物	粘滑,有絮状物和多孔的凝块	细菌
滋味及气味	微香、微甜、适口性强	葱蒜味、苦味、肥皂味、酸味、金属味、外来气味	饲料、细菌或容器贮藏不当

4. 蛋类饲料的品质检验

不同品质蛋的特征表现见表6。

表6 蛋类饲料的品质检验

类别	特征表现
良质蛋	蛋壳清洁无粪污、无斑点,具有自然光泽,颜色鲜艳,蛋清蛋黄界线分明,蛋黄圆形,不散
受潮蛋	有大理石样斑纹和污秽
孵化蛋	蛋壳光滑、反光
石灰水浸蛋	蛋壳表面有石灰颗粒
变质蛋	蛋壳灰白,蛋清和蛋黄混合,蛋清失去半流动胶体性,有硫化氢气味

5. 谷类饲料的品质检验

重点是检查谷物饲料是否发生霉变，饲喂霉败的饲料可造成貉群大批死亡。

检验时可通过颜色和形态进行鉴别，即将样品在黑纸上撒一薄层，加以观察，未发现变色、发霉、生虫及其他杂质者为良好饲料。也可通过气味进行鉴别，即嗅闻时没有霉味、刺激性臭味、腐烂臭味者为良好饲料。

良好的谷物饲料触摸时感觉干燥，没有潮湿感，无发酵现象，未结成块状。

6. 干粉饲料的品质检验

养貉场常用的干粉饲料有鱼粉、骨粉、血粉、肉粉等。

鉴定干粉饲料时，应注意颜色、气味、滋味和干湿度。凡失去固有颜色，散发出刺鼻异味，口尝时有油脂酸败所特有的"哈喇味"，表面真菌生长，表现为长绿毛、黄毛等，均标志着变质。下面以鱼粉为例介绍干粉饲料直观品质的检验。

(1)一般外观检验　正常优质鱼粉为白色或浅黄色。若颜色过深则可能是加热过度或含脂量高，若颜色发黄可能是掺了水解羽毛粉，若呈棕褐色是掺入了棉籽壳，若呈深褐色是掺入了血粉或菜籽粕，若有白、灰、淡黄色的线条说明掺入了皮革粉或制革下脚料，有刺鼻氨味是掺入了尿素，有烧焦羽毛味是掺入了羽毛粉，有棉籽饼和菜籽饼味是掺入了棉籽饼和菜籽饼，均属不纯鱼粉。有腥臭味和霉臭味是腐败变质的鱼粉。

手感外观较蓬松，纤维状组织较明显，手捏松软，放下后手上无杂质，手捻质地柔软呈肉松状，表面干燥，无油腻，属正常优质鱼粉。

(2)过40目筛后的筛上物外观检验　进口鱼粉有大鱼鱼鳞，鱼鳞有同心圆，有破碎的白色鱼骨。掺假鱼粉是鱼眼、骨、鳞少,有黑色的煤块样物为掺入了血块,有黄色透明松香样块为掺入了水解后的羽毛蛋白或皮革蛋白。

我国沿海产的小鱼鱼粉有小鱼眼和小鱼脊椎骨。陈旧鱼粉有小硬球或棕黑色肉丸,甚至有较大的黑肉球。

筛动时样品上面滚动的绒球状物,如果纤维粗细长短一致,可能是棉纤维,继续检查有无棉籽壳,如有说明是掺入了棉籽饼;如果绒球状物有分枝、分叉或透明有节,是粉碎后的羽毛,说明是掺入了羽毛粉;如果绒球状物较长,在一端渐细有尖,是动物的毛被,说明掺入了粗制肉骨粉;如果绒球状物带有竹节样的淡红色管状物,是虾须,说明掺入了虾粉;如果绒球状物有淡红色碎片可能是破碎的蟹壳,说明掺入了蟹粉。凡有上述掺入物的鱼粉均属不纯鱼粉,要量质慎重使用或不予使用。

7. 果蔬饲料的品质检验

各种新鲜蔬菜和水果都有着本种所特有的色泽和气味,表面不粘。失鲜或变质的蔬菜、水果多表现为色泽晦暗,有异味,表面发粘,有时发热。叶菜类应注意是否沾有农药。

8. 干配合饲料的品质检验

对大型的饲养场家,饲料品质的检验可以委托有资质的检测中心或研究部门进行;对小型的饲养场和个体养殖户,饲料送检的成本较高,可以通过经验进行判定。

(1)眼看 看饲料颜色是否正常。有霉变、结块、潮湿、生虫等现象的饲料,可以判定为过期或劣质产品,不能使用。

(2)鼻闻 正常的干配合饲料具有一定的鱼鲜香味、肉香味及熟化玉米香味。闻饲料是否有霉变味、氨味、腐败味、酸味、恶臭等刺激性气味,有异味的饲料一般都已变质或混有杂质,不能使用。

(3)嘴尝　对于过咸或有涩味、苦味等异常味道的饲料,要慎用或不用。

(4)看沉淀物　用一柱形透明玻璃杯盛2/3清水,取50～100克饲料放入杯中,适当搅拌后静置1～2分钟,看杯中固形沉淀物是否过多,一般干配合饲料允许有少量沉淀,沉淀过多会影响饲料的适口性及吸收率。

(5)看饲养效果　这是最重要、最有说服力的观察指标。首先应适口性好,动物喜食;其次是消化良好,排出粪便干湿适宜,不腹泻,能保证动物具有良好的吸收率;三是看动物生长情况,好饲料饲喂一段时间后,动物生长旺盛,毛色光洁柔顺。一般生长期貉死亡率在1%～3%,在没有重大传染病或异常死亡的情况下,若超过这个比率,很大程度上与饲料营养缺乏或营养不平衡有关,特别是微量元素和维生素的缺乏,这种干配合料不能使用。

(四)饲料的贮存及加工调制

1. 饲料的贮存

由于许多种类的饲料不可能保证全年均衡供应,加上价格及运输等方面的原因,使得在一定时期内对某些种类的饲料进行适当的贮存显得十分必要。

貉饲料(包括动物性饲料和植物性饲料)的贮存方法对贮存时间的长短有很大影响,尤其是新鲜的鱼、肉饲料,如贮存方法不当,往往易变质腐败。因此,应尽量采取有效办法,延长饲料的保鲜时间。经常采用的方法有以下几种。

(1)低温贮存法　低温可以杀死微生物或抑制微生物对饲料的分解作用,同时也抑制了被贮存饲料自身的酶解作用,因而可防止饲料变质或产生有害物质。

有条件的饲养场可建较大的机动冷库或购置低温冷藏箱贮存饲料。没有条件的地方，也可因地制宜修建各种土冰窖。

①冰冻密封式土冰库　于冬季严寒季节将鱼、肉饲料冻成小块，堆放于避风、背阳处，盖一层草帘，每天在帘上洒水，冻一层洒一层，至冰层厚度达到1米左右，再在冰上盖一层约1米厚的锯末、稻壳，最上层盖30～40厘米厚的泥土。取用饲料时，挖开一角，取料后立即用草帘或数层旧麻袋将开口处盖严。此方法简便易行，初春解冻后用此法仍可保鲜鱼、肉2～3个月。

②室内缸式土冰窖　盖一夹层墙式库房，大小视需要而定。夹层中填以炉灰渣或稻壳、锯末，双层房门。室内放置大号水缸数个，缸间距30～50厘米，缸与缸之间用稻壳或锯末填紧，填至与缸口平齐。之后将鱼、肉饲料和碎冰块混合倒入缸内，缸口用旧棉被或麻袋盖严。缸底部需开一小孔，接上胶皮管，从地下通往室外，用以排出融化的冰水。

（2）**高温贮存法**　高温可杀灭各种微生物。新购回的新鲜鱼、肉，一时喂不了时，可放于锅中蒸（或煮）熟，取出后存放于阴凉处。经高温处理的饲料只能短时间保存，是临时性的，不能放置过久。

（3）**干燥贮存法**　当生物体内水分丧失或水分含量降低到最低水平时，新陈代谢就不能进行。饲料干燥时，附于饲料上的微生物死亡或失去生存和繁殖条件，饲料本身也因干燥而不能发生氧化分解作用。因此，饲料干燥后可保存较长时间不变质。

饲料干制的方法主要是晾晒和烘烤。

晾晒的方法是先将饲料切割成小块，再置于通风处晾晒。

大鱼须剖腹并除去内脏后晾晒,小鱼可直接晾晒。晾晒饲料的方法虽简单,但太阳照射往往易发生氧化酸败,使饲料营养价值降低。

烘烤的方法是将鱼、肉、内脏下杂等饲料煮熟,切成小块置于干燥室加温烘干。干燥室须有通风孔,以利于排出水分,加快干燥速度。

干饲料的含水量须低于12%,否则,饲料与空气接触会吸湿变质。因此,保存干饲料要尽量隔绝空气,防止吸湿。贮藏室地面要铺细沙和炉灰渣做成防潮层或制成通风道,地面上再铺30厘米厚的干燥稻壳,室的四壁和顶盖要密封不透风。

(4)**盐渍贮存法** 将饲料进行盐渍处理能杀死饲料中的微生物,即使低浓度盐渍也能抑制细菌繁殖。盐渍方法是在干燥的水泥池或大缸中,撒一层盐,放一层饲料,再撒一层盐,再放一层饲料,如此反复堆置,顶部用木板压实,加水淹没饲料。

通过盐渍法处理的饲料虽可保存较长时间,但因饲料含盐量较高,利用前必须用清水浸泡脱盐,至少要浸泡24小时,中间要换水数次并不时搅动,脱尽盐分后方能喂貉。

(5)**粮食和蔬菜的贮存** 貉用的谷物类和豆类饲料应用麻袋装好,贮藏于阴凉通风干燥的仓库内。饲料最好放置在离开地面0.5~1米高的阁板之上。堆放层不能太厚,且经常翻动,以散热去潮,防止霉变。同时,要防止鼠害和病虫害,最大限度地降低粮食损耗。

新鲜蔬菜含水量大,如大堆放置过久,易发黄发霉、腐烂变质,贮存不当还可能产生有毒的亚硝酸盐。因此,蔬菜宜单层平铺,放置于阴凉通风处,最好随用随取,一般不要成堆放置,以免发热变质。

2. 饲料的加工

(1) 鱼、肉类饲料加工　新鲜的海杂鱼,健康的动物肉、肝、肾、心及鲜血等,经过冷冻的要化冻,去掉大的脂肪块,充分洗去泥土和杂质后绞碎生喂。品质较差但还可以饲喂的鱼、肉饲料,首先要用清水充分洗涤,然后用0.1%的高锰酸钾溶液浸泡消毒5～10分钟,再用清水洗涤后方可绞碎饲喂。严重腐败的饲料,禁止加工利用。淡水鱼和禽的肠、脾、肺及下杂等必须熟喂。瘟猪肉经高压蒸煮或充分煮熟并去掉脂肪后加工利用。鱼粉、肉骨粉要浸泡3～4小时,经2～3次换水,除去多余的盐分,方可与其他饲料混合调制。血粉、肝渣粉要经过蒸煮处理。蚕蛹要充分浸泡,去碱后蒸煮饲喂。羊羔肉、毛皮兽胴体、毛鸡、毛蛋都应煮熟后利用。

(2) 乳类和蛋类饲料加工　牛、羊乳喂前要进行消毒处理。一般用锅加热至70℃～80℃,保持15分钟,冷却后加入饲料中。乳粉用温开水按1∶7或1∶8的比例调匀后加入混合饲料中。蛋类(包括无精蛋、毛蛋)均要熟喂。

(3) 果蔬类饲料加工　蔬菜要除去根和腐烂部分,洗去泥土,绞碎后即可与其他饲料混合生喂。菠菜有轻泻作用,应与其他菜类搭配使用。水果要切去腐烂部分,洗净后饲喂。番茄、西葫芦和叶菜类搭配使用效果好。

(4) 谷物类饲料加工　应粉碎成粉状,最好几种谷物混合搭配。谷物饲料要彻底熟制,否则貉易发生胃肠臌胀。熟制的方法一般可蒸制成窝头、煮制成粥或膨化均可。

大豆可制成豆汁。方法是将大豆浸泡10～12小时后粉碎煮沸,经粗布过滤后即得豆汁。也可采用将大豆粉碎成细面,按1千克豆面加8～10升水煮沸,不需过滤即可应用。制成的热豆汁冷却后加入饲料中喂给。

(5) 维生素类饲料加工　水溶性的维生素 B_1、维生素 B_2 和维生素C可先溶于40℃以下的温水中,然后拌入饲料。脂溶性维生素、鱼肝油等浓度高时,可用豆油稀释后加入饲料中。

(6) 矿物质饲料加工　食盐要准确称量并化成盐水(不允许有盐粒)后加入饲料中,且一定要搅拌均匀。骨粉和骨灰可按量直接加入饲料中,但注意不要和维生素 B_1、维生素C及酵母混合调制在一起,以防有效成分遭到破坏。

准备好的各种饲料经检斤过秤后,然后分别用绞肉机绞碎。小型养貉场可将几种饲料混合绞碎;大型养貉场可先绞鱼肉类及其副产品,然后再绞谷物类饲料和蔬菜等饲料。

3. 饲料的调制

饲料绞碎后可将其放在大的木槽或铁槽内,先放鱼肉类及其他动物性饲料,然后放入谷物和蔬菜类饲料,最后加入牛奶、维生素、矿物质和水,充分搅拌。调制均匀的混合饲料,应迅速按量分发,及时饲喂。

在饲料加工调制过程中要注意以下几点。

第一,严格遵守饲料单规定的饲料品种和数量,不能随意改动。

第二,调制速度要快,尽量缩短加工时间。每次调制应在临分食前完成,不得提前,以免因时间过长造成营养物质损失。

第三,配料准确,拌料均匀,浓度适中。繁殖期浓度宜稀些,非繁殖期宜稠些。

第四,维生素饲料及乳类、酵母等必须在临喂前加入,防止过早混合被氧化破坏。

第五,冷热温差大的饲料应暂时分别放置,待温度接近时再放在一起搅拌。

第六,牛奶加温消毒要控制好温度,过高会破坏牛奶中的维生素,过低则达不到灭菌的目的。

第七,食盐、酵母应先用水溶解,调匀后再混入饲料中。

第八,谷物饲料应充分熟制,但熟制时间不宜过长。

第九,解冻后的动物性饲料,在调制室存放的时间不宜超过24小时。

第十,饲料调配室要保持清洁卫生,饲料加工用的器具应及时清洗,定期消毒。

四、貂的饲养管理

(一)貂的饲养标准

饲养标准是指貂在不同生物学时期所需要的各种营养物质的定额。目前,国内现行的部分经验饲养标准见表7和表8。

表7 幼貂的日粮标准

月龄 (月份)	日粮 (克/只)	能量 (千焦)	饲料重量配比(%)				
			鱼肉类	熟制谷物	鱼肉副产品	蔬菜	骨粉及其他
3(7)	262	1881	40	40	12	5	3
4(8)	375	2508	40	40	12	5	3
5(9)	487	2717	35	40	12	10	3
6(10)	525	2842	35	40	12	10	3
7~8 (11~12)	487	2717	30	60	10	—	—

注:引自朴厚坤等编著的《毛皮动物饲养学》,1981

表 8 成年貉的饲粮标准

时期		日粮量(克/只·日)	混合饲料比例(重量比,%)							其他补充饲料(克/只·日)			维生素(毫克/日·只)			
			鱼肉类	鱼肉副产品	熟制谷物	蔬菜	酵母	麦芽	骨粉	食盐	乳类	蛋类	A(单位)	B_1	C	E
配种期(2~4月份)	♂	600	25	15	55	5	15	15	8	2.5	50	25~50	1000	5	—	20
	♀	500	20	15	60	5	10	15	10	2.5	—	—	1000	5	—	10
妊娠期(4~6月份)	前期	600	25	10	55	10	15	15	15	3	—	—	1000	5	—	10
	中期	700~800	25	10	55	10	15	15	15	3	—	—	1000	5	—	10
	后期	800~900	30	10	50	10	15	15	15	3	50	—	1000	5	30	10
产仔泌乳期(5~6月份)		1000~1200	30	10	50	10	15	15	20	3	200	—	1000	5	20	5
恢复期(5~9月份)		450~1000	5~10	5~10	60~70	15	—	5	5~10	2.5	—	—	—	—	—	—
准备配种期(10月份至翌年1月份)	前期	550~700	10~15	5~10	70	10	—	—	5~10	2.5	—	—	—	—	—	—
	后期	400~500	20~25	5~10	60	10	8	10	10	2.5	—	—	500	3	—	5

注:引自中国农业科学院特产研究所资料

（二）貉日粮的配制方法

1. 确定貉日粮的依据

（1）根据貉的消化生理特点确定日粮　貉为杂食性单胃动物，其日粮应以动、植物饲料混合搭配。为提高消化率，粮食类饲料应粉碎，熟制。

（2）根据貉不同生物学时期的营养需要确定日粮　一般在繁殖期比非繁殖期饲养标准高，要求日粮营养要全价，适口性要强；换毛期及育成期能量需要较高，因此，日粮中脂肪和碳水化合物含量要高些。

（3）根据当地的饲养条件确定日粮　要尽可能利用当地饲料资源，就地取材。要充分考虑饲料价格因素，在满足营养需要的基础上，尽力降低饲养成本。

（4）根据饲料原料的营养成分及能量含量确定日粮　饲料的营养成分可查各种饲料营养价值表，最好通过实测获得。要充分注意不同饲料原料的物理化学性质，避免有相互拮抗、破坏作用的饲料同时使用。

尽量做到饲料品种多样化，搭配合理，以通过互补作用提高日粮的营养价值。同时，要注意保持饲料品种的相对稳定性，避免主要饲料品种突然变化造成貉的不适应。

2. 貉日粮配方的配制方法

配制貉日粮配方的方法有重量配比法和热量配比法。计算的依据虽然不同，而效果是一样的。

（1）重量配比法　即确定不同生产时期的日粮总量和各种饲料所占的重量比例后，分别计算出每只貉每天所需的各种饲料量，再按各群只数制定出饲料单。应注意核算日粮中蛋白质的供给量并调整使之符合饲养标准。添加饲料量较少的,如食盐、酵母、维生素类、骨粉等可不计其重量比,单独列出。

(2)热量配比法 是以热能为依据来计算的。一般先确定1份(即418千焦)能量中各种饲料所占的热能比例和相应的饲料重量,然后再按日粮总热量(即份数)计算出日粮中各种饲料的量。当然也应核算和调整蛋白质的供给量。没有能量价值或能量价值很小的添加饲料(矿物质、维生素、药物等),按头数计算供给量。

两种配制日粮的方法彼此间可以换算(表9)。

表9 两种日粮配制方法之间的换算比例

饲料种类	重量法比热量法	热量法比重量法
谷物类饲料	1∶1.2	1∶0.8
动物性饲料	1∶2	1∶0.5
蔬菜类饲料	1∶2.6	1∶0.4

配制日粮是经常性的工作,新饲料配方确定后,须注意观察试喂效果,并根据貉的食欲、采食量和消化等情况随时调整。

(三)饲养管理的基本要求

第一,貉饲养时期的划分。貉一年中各个饲养时期的划分见表10。

第二,动、植物饲料适当搭配。貉属杂食动物,消化系统的特点与功能介于肉食动物(紫貂、水貂)和草食动物(兔、麝鼠)之间,既适于采食和消化动物性饲料,也能采食和消化植物性饲料。因此,在进行饲料配比时,动、植物性饲料应合理搭配使用。因为,动物性饲料价格较高,所以应在允许的限度内尽量

表10 貉饲养时期的划分

类别	月份											
	12	1	2	3	4	5	6	7	8	9	10	11
成年公貉	准备配种后期		配种期		恢复期					准备配种前期（或冬毛生长期）		
成年母貉	准备配种后期		配种期		产仔泌乳期		恢复期			准备配种前期（或冬毛生长期）		
			妊娠期									
幼龄貉					哺乳期		育成前期			育成后期（或冬毛生长期）		

降低使用比例，一般不高于45%。此外，多种饲料合理搭配，有利于各种饲料营养成分的互补，可提高饲料的营养价值。

第三，定时定量饲喂。定时、定量是指喂貉每天要有相对固定的次数和数量，使其养成良好的进食习惯，有规律地分泌消化液，以利于饲料的消化吸收。否则，长期进食不规律易引起消化功能紊乱，营养物质吸收不良，影响貉的正常生长发育，造成体质衰弱。具体饲喂时间、次数及喂量要根据貉的性别、体型大小和季节等因素而定。

第四，逐渐调换日粮。饲料种类改变（包括有计划的改变及因受饲料来源等因素影响的临时改变）时，新换的饲料量要逐渐增加，被替换的饲料用量应逐渐减少，使貉的消化系统逐渐适应新的饲料。否则，饲料突然改变易引起胃肠病，使貉食欲下降，影响生产。

第五，保证饮水。水是生命必需的物质，保证貉日常饮水十分重要。供水量应根据貉的生理状态、季节和饲料特点而定。高温季节需水量大，饮水不要间断；幼龄貉处于生长发育旺期，需水量高于成年貉；妊娠母貉的需水量也比平时增加很多。母貉产前产后易产生口渴感,饮水不足易发生叼仔、吃仔现象,故一定要保证充足的饮水。

第六,保持环境卫生与安静。要定期定时清理和打扫窝箱,及时清除貉的剩食、粪便。食盆每次用完应及时清洗备用,饮用水要及时更换,保持清洁。在配种期和产仔期,要特别注意保持貉场安静。过于嘈杂的环境或突然的响动会影响胆小的公母貉配种和产仔,严重者出现带仔母貉叼仔和弃仔现象。

第七,做好防暑防寒工作。貉的汗腺不发达,加上被毛厚长,影响体热的散发,在夏季炎热天气易中暑死亡,尤其常见于幼貉。因此,要做好夏季防暑降温工作,用青草和蒿子等铺盖在棚舍或貉笼上,用以吸热和遮光;也可在笼舍周围地面上喷洒凉水降温;同时要保证充足清洁的饮水。貉在冬季有冬休的习性,为此,要为其提供必要的条件保证,如对貉限食,保持安静及加强窝箱的保温等。一般北方在立冬前后就要在窝箱内添加垫草,准备越冬。另外,在产仔期保温工作也很重要,如做不好,会影响仔貉的成活率。

第八,分群管理。应将貉按年龄、性别、用途(种用或皮用)等进行分群,以便于管理。需要注意的是公貉和母貉在非配种期可分群,而在临近配种期和配种期间要合群饲养,以加强异性刺激,有利于发情和配种。

(四)准备配种期的饲养管理

准备配种期一般为9月份至翌年1月份。秋分以后,随着日照的逐渐缩短,貉的生殖器官逐渐发育,与繁殖有关的内分泌活动也逐渐增强,通过神经—体液调节,母貉卵巢开始发育,公貉睾丸也逐渐增大。冬至以后,随着日照时间的逐渐增加,貉的内分泌活动进一步增强,性器官发育更加迅速,到翌年1月末2月初,公貉睾丸中已有精子产生,母貉卵巢中也已形成成熟的卵泡。貉在入冬前采食比较旺盛,在体内贮存了大量的营养物质,为其顺利越冬及生殖器官的充分发育提供了可靠保证。

1. 准备配种期的饲养

此期饲养管理的中心任务是为貉提供各种需要的营养物质,特别是生殖器官生长发育所需要的营养物质,以促进性器官的发育;同时注意调整种貉的体况,为顺利完成配种任务打好基础。一般根据自然光周期变化及生殖器官的相应发育情况,把此期划分为前后2个时期进行饲养。

(1)准备配种前期的饲养　准备配种前期一般为9~11月份。应满足其对各种营养物质的需要,如继续补充繁殖所消耗的营养物质,供给冬毛生长所需要的营养物质,贮备越冬的营养物质等,以维持自身新陈代谢以及满足当年幼貉的生长发育。为貉提供的日粮应以吃饱为原则,过少不能满足需要,过多会造成浪费。此期动物性饲料的比例应不低于15%,可适当提高饲料的脂肪含量,以利于提高肥度。到11月末时,种貉的体况应得到恢复,母貉应达到5.5千克以上,公貉应达6千克以上。10月份日喂2次,11月份可日喂1次。

(2)准备配种后期的饲养　准备配种后期一般为12月份至翌年1月份。此期冬毛的生长发育已经完成,当年幼貉已生长发育为成貉,因此,饲养的主要任务是平衡营养,调整体况,促进生殖器官的发育和生殖细胞的成熟。

进入准备配种后期,应及时根据种貉的体况对日粮进行调整,适当增加全价的动物性饲料,适当增加饲料种类,以增强互补作用。同时,要对貉补充一定数量的维生素。此期喂给适量的酵母、麦芽、维生素A及维生素E等可对种貂生殖器官的发育和功能发挥起到良好的促进作用。此外,从1月份开始每隔2~3天可在饲料中加入少量刺激发情的饲料,如大葱、大蒜等。

貂的日粮12月份可日喂1次,1月份开始应日喂2次。全天日粮按早饲40%、晚饲60%的比例喂给。

2. 准备配种期的管理

(1)注意防寒保暖　从10月份开始应在小室中添加垫草,特别是在北方寒冷地区,整个冬季都必须保证小室中有充足的垫草,垫草要定期更换,以保证干燥、保温。

(2)搞好卫生　有的貂习惯在小室中排粪便和往小室中叼饲料,使小室底面和垫草被弄得潮湿污秽,容易引起疾病并造成貂毛绒缠结,因此,应经常打扫笼舍和小室卫生,使小室保持干燥、清洁。

(3)保证充足饮水　准备配种期内每天应饮水1次,冬季可喂给清洁的碎冰或散雪。

(4)调整体况　特别是准备配种后期,管理工作的重点是调整体况。通过调整,尽量使种貂肥瘦程度达到理想状态。一般理想的繁殖体况为公貂体重6~7千克,母貂体重5.5~6千克。临近配种期种貂的体重指数:体重(克)/体长(厘米)应为100克/厘米左右。

调整体况的具体方法是对于过肥的貂,可通过减少日粮中脂肪含量,把貂关在运动场内使其增加运动量及适当增加寒冷刺激等方法降低其肥度,但切不可在配种前大量减料;对于瘦貂,可通过增加饲料量,增加日粮中脂肪含量及加强保温等方法增加其肥度。

(5)加强驯化工作　准备配种后期要加强驯化,特别是多逗引貂在笼中运动。这样做既可以增强貂的体质,又有利于消除貂的惊恐感,提高繁殖力。

(6)疫苗接种 对种貂进行犬瘟热、病毒性肠炎、加德纳氏菌、巴氏杆菌等疫苗的接种工作。

(五)配种期的饲养管理

貂的配种期较长,从2月初开始,一般为2~3个月,但个体间也有很大差异。此期饲养管理的中心任务是使所有种母貂都能适时受配,同时确保配种质量,使受配母貂尽可能全部受孕。为达此目的,除适时配种外,还必须搞好饲养管理的各项工作。

公貂在配种期内有时1天要交配1~2次,在整个配种期内完成3~4只母貂、合计6~10次的交配任务,营养消耗量很大,加之在整个配种期由于性兴奋使母貂食欲下降、体重减轻,因此,配种期内应对种貂特别是种公貂加强营养,悉心管理。

1. 配种期的饲养

配种期内应供给公貂营养丰富、适口性强、易于消化的优质日粮,以保证其有旺盛持久的配种能力和良好的精液品质。公母貂日粮要按标准供给全价蛋白质及维生素A、维生素D、维生素E和B族维生素。要适当增加动物性饲料的比例,日粮能量标准1 650~2 090千焦,日粮量500~600克,日喂2次。对公貂还要在中午进行补饲,主要以鱼、肉、乳、蛋为主。喂饲时间要与放对时间配合好。喂食前后30分钟不能放对。

2. 配种期的管理

第一,科学制定配种计划,准确进行发情鉴定,掌握好时机,适时放对配种。

第二,及时检查维修笼舍,防止种貂逃跑而造成损失。每天捉貂检查发情和放对配种时,应胆大心细,既要防止跑貂,又要防止被貂咬伤。

第三,添加垫草,搞好卫生,预防疾病。处于配种期的貂,由于性冲动,食欲较差,因此要细心观察,正确区分发情貂与发病貂,以利于及时发现和治疗病貂。

第四,保证饮水。除日常饮水应充足外,还要在貂交配结束时给予充足的饮水或干净的雪。

第五,保持貂场安静,控制放对时间,保证种公貂充分休息。

第六,母貂按配种结束日期,依次安放在饲养场中较安静的位置,进入妊娠期饲养管理,以防由于放对配种对其产生影响。

(六)妊娠期的饲养管理

貂妊娠期平均约 2 个月,但全群可持续 4 个月左右。此期是决定生产成败、效益高低的关键时期,饲养管理的中心任务是保证胎儿的正常生长发育,做好保胎工作。

1. 妊娠期的饲养

貂在妊娠期的营养水平应是全年最高的。此期的母貂不仅要维持自身的新陈代谢,还要为体内胎儿的正常生长发育提供充足的营养,同时还要为产后泌乳积蓄营养。如果饲养不当,会造成胚胎被吸收、死胎、烂胎、流产等妊娠中断现象而影响生产。妊娠期饲养的好坏,不仅关系到胎产仔数的多少,而且还关系到仔貂出生后的健康状况。

在日粮安排上,要做到营养全价,品质新鲜,适口性强,易于消化。腐败变质或可疑的饲料绝对不能喂貉。饲料品种应尽可能多样化,以达到营养均衡的目的。

喂量要适当。妊娠头10天,总能量不能过高,要根据妊娠的进程逐步提高营养水平,既要满足母貉的营养需要,又要防止过肥。

给妊娠母貉的饲料可适当调稀些。在饲喂总量不过分增多的情况下,后期最好日喂3次。饲喂量最好根据妊娠母貉的体况及妊娠时间等区别对待,不要平均分食。

2. 妊娠期的管理

第一,保持安静,避免妊娠母貉过于惊恐。妊娠期内应禁止外人参观。饲喂时动作要轻捷,不要在场内大声喧哗。为使母貉妊娠后期及产仔期不过于惊恐,饲养人员可在母貉妊娠前、中期多接近貉,以使母貉逐步适应环境的干扰,至妊娠后期则应逐渐减少进入貉场的次数,保持环境安静,这样有利于产仔保活。

第二,细心观察貉群的食欲、消化、活动及精神状态等,发现问题及时采取措施加以解决。如发现有流产前兆的,应肌内注射黄体酮15~20毫克,维生素E 15毫克,以利于保胎。

第三,搞好貉笼舍及环境卫生,保证充足的饮水,及时做好小室的消毒及保温工作,为母貉产仔做好充分准备。

(七)产仔泌乳期的饲养管理

产仔泌乳期一般在5~6月份,全群可持续2~3个月。饲养管理的中心任务是确保仔貉成活及正常的生长发育,以达到丰产丰收的目的。这是取得良好生产效益及经济效益的关键环节。因此,在饲养上要增加营养,使母貉能分泌足够的乳汁;在管理上要创造舒适、安静的环境。

1. 产仔泌乳期的饲养

此期日粮配合及饲喂方法与妊娠期基本相同,为了催乳,可在日粮中补充适当数量的乳类饲料,如牛奶、羊奶及奶粉等。如无乳类饲料,可用豆浆代替。亦可多补充些蛋类饲料。

此期饲料加工要细,浓度可小些,不严格控制饲料量,应视同窝仔貉的多少、日龄的大小区别分食,让其自由采食,以不剩食为准。当仔貉已开始采食或母乳不足时,可进行人工补喂。方法是将新鲜的动物性饲料细细地绞碎,加入谷物饲料、维生素C,用奶调匀后喂给仔貉。随着仔貉生长发育,补饲饲料可逐步向育成期饲料过渡,喂量逐渐加大。至45~60日龄,大部分仔貉能独立采食时,可对仔貉断乳分单笼饲养。

2. 产仔泌乳期的管理

此期管理的重点是加强护理,特别是通过母貉护理仔貉,以确保仔貉成活。因此,应在加强日常管理的基础上灵活运用各种技术措施,最大限度地确保仔貉成活率。具体方法见本书产仔保活技术部分。

(八)恢复期的饲养管理

恢复期对于公貉是指从配种结束(4月份)至生殖器官再度开始发育(9月份)之间的时期;对于母貉则是指仔貉断奶分窝(7月初)至9月份这段时间。

此期公母貉经过繁殖期的营养消耗,身体较消瘦,食欲较差,采食量少,体重处于全年最低水平。因此,恢复期饲养管理的中心任务是补充营养,增加肥度,恢复体况,并为越冬及冬毛生长贮备足够的营养,为下一年的繁殖打好基础。

为恢复种貉的体况,在公貉配种期结束后20天内,母貉断奶后20天内,应分别继续给予配种期和产仔泌乳期的日粮,以后再逐步喂给正常的恢复期日粮,也可以少量喂给与幼貉相同的日粮。

日粮中动物性饲料比例应不低于15%,谷物类饲料尽可能多样化,能加入20%～25%的豆面更好,以改善配合日粮的适口性,使公母貉尽可能多采食一些饲料。8～9月份日粮供给量应适当增加,使其多蓄积脂肪,以利于越冬。

在管理上,基本与幼貉育成期相同。

(九)幼貉育成期的饲养管理

仔貉断乳后称之为幼貉。幼貉育成期是指仔貉断奶分窝至体成熟的一段时间,一般为6月下旬至10月底或11月初。要搞好育成期的饲养管理,首先要掌握仔、幼貉生长发育的特点,根据其生长发育的一般规律切实抓好饲养管理,促进其生长发育。

1. 仔、幼貉生长发育的特点

仔貉初生时体长8～12厘米,体重120克左右,身被黑色稀短的胎毛,生长发育十分迅速,至60日龄断奶分窝时体重可增加十几倍,体长可增加3倍左右。

仔貉生长发育的统计资料见表11至表13。

仔貉一般出生后9～13天睁眼,14～20天长牙,20～25天开始采食,25～30天可走出小室活动,约30天退换胎毛,45～60天离乳分窝,5～6月龄长至成貉大小。

幼貉生长发育有一定的规律性,体重和体长的增长在90～120日龄之前最快,120～150日龄后生长强度降低,

150~180日龄生长基本停止,已达体成熟。

表11 仔、幼貉平均体重统计 （单位：克）

性别	日 龄								
	1 (初生重)	15	30	45	60 (断乳重)	90	120	150	180	210
公	120.1	295.3	541.9	917.8	1370.6	2724.1	4058.3	4769.2	5445.0	5538.5
母	117.2	294.5	538.6	888.6	1382.5	2783.1	4184.9	4957.6	5654.3	5545.5

表12 仔、幼貉各日龄生长速度

项目	性别	日 龄								
		初生~15	15~30	30~45	45~60	60~90	90~120	120~150	150~180	180~210
比初生重	公	2.46	4.51	7.64	11.41	22.68	33.79	39.71	45.38	46.12
增加倍数	母	2.51	4.60	7.58	11.80	23.75	35.71	42.30	48.24	47.32

表13 仔、幼貉平均体长统计 （单位：厘米）

性别	日 龄						
	10	20	30	40	50	60	75
公	18.2	23.13	27.71	32.24	35.95	40.50	44.83
母	18.63	22.73	26.78	31.98	35.85	40.52	43.17

2. 幼貉育成期的饲养管理

此期饲养管理的主要任务是在数量上保证成活率,尽量保持分窝时的只数;在质量上要在该期结束时达到要求的体型和毛皮质量,从而获得张幅大、质量好的毛皮和培育出优良的种用幼貉。

幼貉断乳后2～3周与成貉一起进行犬瘟热、病毒性肠炎疫苗的预防注射工作。

幼貉断奶后头2个月是决定其基本体型大小的关键时期,如此期内营养不良,极易影响其生长发育,即使以后加强营养也很难弥补。因此,此期应供给优质、全价、能量含量较高的饲料,同时应特别注意补给钙、磷等矿物质饲料及维生素,以促进幼貉骨骼和肌肉的迅速生长发育。

幼貉生长旺期,日粮中蛋白质的供给应保持在50～55克/日·只,以后随生长发育速度的减慢,逐渐降低,但不能低于30～40克/日·只。蛋白质不足或营养不全价,将严重影响幼貉的生长发育。

幼貉育成期每天喂2～3次。喂3次时,早、午、晚分别占全天日粮的30％、20％和50％,让貉自由采食,能吃多少给多少,以不剩食为准。

幼貉断奶后,可2只或多只笼养在一起。此期正是加强驯化的有利时机,应采取食物引诱、经常接近及爱抚等方法加强驯化。对幼貉要坚持从小驯化,循序渐进,一般可收到显著的效果。有的可驯化到随意抱起而不咬人的程度,有的可像小狗一样跟随饲养员行动。

幼貉育成期正处于炎热的夏季,管理上要特别注意防暑和防病。水盒、食具要及时清洗,小室内粪便及残食要随时清除,防止放置时间过长而发生腐败。离乳后的幼貉对饲料的消化功能还不健全,对环境的适应能力不强,易患尿湿症,应在小室内铺垫清洁、干燥的垫草。注意笼舍的遮阳和通风,中午炎热时要轰赶幼貉运动,保证充足饮水,以防中暑。

9～10月份以后,幼貉已接近成貉大小,应及时进行选种分群工作。选种后,种用貉与皮用貉分群饲养。

种用幼貉的饲养管理,与准备配种期成貉饲养管理相同。

(十)冬毛生长期的饲养管理

皮用貉除选种后剩下的当年幼貉外,还包括一部分被淘汰的种貉。皮用貉的饲养要点主要是保证正常生命活动及毛绒生长成熟的营养需要。皮用貉的饲养标准可稍低于种用貉,以降低饲养成本。可多利用一些含脂率高的廉价动物性饲料,如经过高温处理的痘猪肉等;提供含硫氨基酸多的饲料,如羽毛粉等;提供对冬毛生长有益的维生素和微量元素,或混合配制的饲料添加剂。这样有利于提高貉的肥度,可增加毛绒的光泽,提高毛皮质量。

10月初就应在皮用貉的小室内铺加垫草,以利于梳毛。加强笼舍卫生管理,及时清除粪便及剩料,防止毛绒被沾污及毛绒缠结,尤其是圈养的皮用貉更应注意这方面的管理。

五、貉的育种

随着养貉业的发展,育种工作将变得越来越重要。因为,不仅需要扩大种群数量,而且要不断地提高笼养貉的质量,以培育出适应我国饲养条件、毛绒品质优良、体型大、繁殖力高的新品种或新类型,占领国内、外裘皮市场。

(一)育种的目的和方向

市场和人们的需求就是我们育种的目的和方向。对于毛皮动物,育种的目的在于运用动物遗传学的基本原理和有关生物科学技术,改良毛皮动物的遗传性状,培育出在体型、毛皮品质和色泽上适应人们需求的新品种或新类型。

貂皮属大毛细皮类,其特点是张幅较大,毛长,绒厚,耐磨,保温,色型变化少,背腹毛差异大等。毛皮动物的育种,须从某一个或某几个性状上进行选择和改良。首先要分清主次,针对市场的需求,选择几个重要的经济性状,同时要明确每一性状的选育方向,并且要在一定时期内坚持不变,这样才能加快改良进度,提高育种效果。

第一,被毛长度。貂的被毛较长,背部针毛可达11厘米,绒毛可达8厘米。毛长会使毛皮的被毛不挺立,不灵活,易粘连。因此,貂被毛长度这一性状,应向短毛方向选育。

第二,被毛密度。被毛的密度与毛皮的美观程度和保温性能密切相关。被毛过稀会影响貂皮的美观和保温性能。貂的被毛密度较高,在育种上不是迫切需要考虑的性状,重点应放在巩固其遗传性状的稳定性上。

第三,被毛颜色。貂的野生型毛色个体间差异较大,由青灰色渐变至棕黄色。按目前人们对貂皮毛色的要求,颜色越深越好。因此,毛色应向青灰方向选育。中国农业科学院特产研究所利用野生型貂中发现的白色突变个体,成功培育了白色型的吉林白貂。白色貂皮可用来染成各种所需要的颜色,价值较高,育种上白色貂应向高纯度方向选育。研究发现:吉林白貂血液中的白细胞数和球蛋白细胞显著低于野生型貂;吉林白貂视力远不及野生型貂,说明吉林白貂的抗病能力低和对环境的应激反应更敏感,更易受惊吓。采用与野生型貂杂交选配,以期提高吉林白貂的抗病能力和视力,减轻其对环境应激反应所造成的影响。对野生型貂来说,还可能出现其他毛色的突变个体,如纯黑色,应注意保护、收集和培育,以丰富貉皮色型是完全可能的。

第四,背腹毛差异。貉(尤其是产于我国东北地区的貉)的背腹毛差异(长度、密度、颜色)较大,影响了毛皮的有效利用。研究表明,貉背腹毛的差异与其体矮肢短有关。因此,可通过间接地选择体高这一性状,来缩小背腹毛之间的差异,即向背腹毛差异小方向选育。

第五,体型。体型大,则皮张大。因此,这一性状应向体型大的方向选育。1987年在长春市胜利公园,由东北三省养兔协会主办的兔年赛兔(扩大)大会上,黑龙江省饶河县科委参赛的乌苏里貉荣获金牌。该貉原产于乌苏里江南岸,其体重19.2千克,体长91厘米。就我国品种资源看,貉向大体型方向育种是完全可行的。

(二)貉的育种措施

貉的育种应采取杂交育种和纯种选育相结合的方法,同时还要将育种工作和改善饲养管理条件结合起来,将大型养貉场专业性育种和小型养貉场的选育工作结合起来,将普及扩繁与提高质量结合起来。

1. 杂交育种

貉的杂交育种,是选用2个或2个以上具有不同遗传类型的优良貉相互交配,以繁育出具有一定杂交优势的新品种貉。例如,为了改变本场原有貉体型小、毛色浅的缺点,可引入优良的乌苏里貉进行级进杂交(图3)。当杂交到所要求的一定代数时,再进行横交固定。在杂交过程中,要严格选择亲本,淘汰不理想的杂种后代,特别是选择父本时,必须进行后裔鉴定。

级进杂交到几代才能自群繁育,要以杂交后代所表现的毛绒品质及生产性能而定。如果杂种后代达到了育种要求,就可以进行自群繁育。

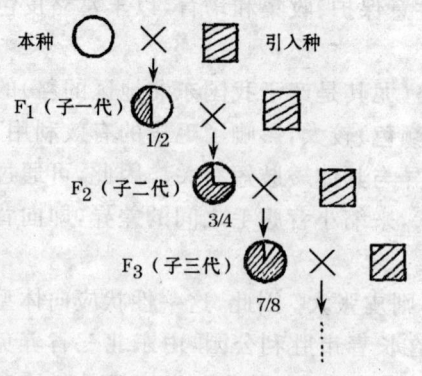

图3 级进杂交示意图
(图中分数表示杂交后代中引入外血的比例)

2. 纯种选育

将具有同样优良性状的貉留种,并逐年选优去劣进行繁育,使种貉的毛绒品质、体型、繁殖力及适应能力等优良性状得到不断提高,这种育种方法,叫纯种选育。纯种选育能逐渐改进貉群质量。

采用纯种选育的基本方法是进行品系或品族繁殖。例如,在纯种选育中发现具有某种或多种优良性状(如毛色深、体型大等)的个体时,即以它为核心,采用近交的方法进行繁殖,这样可获得和它有同样遗传性能和血缘关系的一群后代。如果以公貉为核心,就形成1个品系(家系),称为品系繁育;如果以母貉为核心,就形成品族(家族),称品族繁育。然后再进行品系和品族间选配繁殖,通过纯种选育可提高貉群质量,防止品质退化。

3. 建立育种核心群

建立育种核心群是定向培育优良种貉的有效方法。育种核心群必须在人工选择(选种)的基础上,由综合鉴定最理想的一级种貉组成。育种核心群建立以后,还要不断加强纯种选育工作,同时要严格淘汰不理想的后代。这样才能使核心群的质量得到不断提高,最终成为全场质量最高的一群。核心群中被淘汰的种貉,一般都比生产群种貉质量稍高,所以仍可作为生产群种貉,以便改良或更换血缘。由于核心群向生产群输送的种貉不断扩大,将逐渐代替普通生产群,因而有利于发挥优良种貉的改良作用,使整个貉群的生产性能及质量不断提高。在核心群的育种工作中,应注意某些微小的有益性状的变异,并有目的地积累这种有益的变异,如果这种有益性状的变异能够遗传给后代,并逐渐发展和巩固,就会形成新的有益性状,进一步提高核心群的质量。

(三)貉的选种

1. 选种时间

对貉的选种工作,应坚持常年有计划、有重点地进行,一般可分成3个阶段。

(1)初选阶段 在5～6月份进行。成年公貉配种结束后,根据其配种能力、精液品质及体况恢复情况,进行一次初选。成年母貉在断乳后,根据其繁殖、泌乳及母性情况进行一次初选。当年仔貉在断乳时,根据同窝仔貉数及生长发育情况进行一次初选。

(2)复选阶段 在9～10月份进行。根据貉的脱毛、换毛情况,幼貉的生长发育和成貉的体况恢复情况,在初选的基础上进行一次复选。这时选留数量要比计划留种数多20%～25%,以便在精选时淘汰多余部分。

(3)精选阶段 在11～12月份进行。在复选基础上淘汰那些不理想的个体,最后按计划落实选留数。

选留种貉时,公母貉比例为1:3或1:4,貉群较小时,要适当多留一些公貉,以防因某些公貉配种能力不强而使繁殖工作受到影响。待配种临近结束时,对劣质公貉淘汰取皮,皮张亦有利用价值,可出售。种貉群的组成应以成貉为主,不足部分由幼貉补充。成貉与幼貉的比例以 7∶3 为宜,不要超过 1∶1,这样有利于貉场的稳产高产。

2. 选种方法

(1)毛绒品质鉴定 以毛色、光泽、密度等毛绒品质为重点进行分级鉴定。毛绒品质分级标准见表14。种公貉的毛绒品质最好是一级的,三级的不应留种。母貉的毛绒品质最低的也应是二级。

表 14 貉毛绒品质鉴定

鉴定项目		等级		
		一级	二级	三级
针毛	毛色	黑色	接近黑色	黑褐色
	密度	全身稠密	体侧稍稀	稀疏
	分布	均匀	欠匀	不匀
	平齐	平齐	欠齐	不齐
	白针	无或极少	少	多
	长度	80~89毫米	稍长或稍短	过长或过短
绒毛	毛色	青灰色	灰色	灰黄色
	密度	稠密	稍稀疏	稀疏
	平齐	平齐	欠齐	不齐
	长度	50~60毫米	稍短或稍长	过短或过长
背腹毛色		差异不大	差异较大	差异过大
光泽		油亮	欠强	差

(2)体型鉴定 采取目测和称量相结合的方法进行鉴定,

其标准见表15。

表15　种貉体重体长标准

测量时期	体重(克)		体长(厘米)	
	公	母	公	母
初选(幼貉断乳时)	1400以上	1400以上	40以上	40以上
复选(幼貉5～6月龄)	5000以上	4500以上	62以上	55以上
精选(11～12月份)	6500～7000	5500～6500	65以上	60以上

(3)繁殖力鉴定　成年种公貉睾丸发育良好,交配早,性欲旺盛,交配能力强;性情温和,无恶癖,择偶性不强;每年交配母貉5只以上,配种20次以上;精液品质好,受配母貉产仔率高,每胎产仔数多,生活力强;年龄2～3岁。对交配晚,睾丸发育不好(单睾或隐睾),性欲低,性情暴躁,有恶癖,择偶性强的公貉应淘汰。

成年母貉应选择发情早(不能迟于3月中旬),性情温驯,性行为好,胎平均产仔数多,初产不少于5只,经产不少于8只,母性好,泌乳力强,仔貉成活率高,生长发育正常的留作种貉。凡是外生殖器畸形,发情晚,性行为不好,母性不强,无乳或缺乳,仔貉死亡率高,胚胎吸收,流产,死胎,烂胎,难产,有恶癖的母貉必须淘汰。

当年幼貉应选择双亲繁殖力强,同窝仔数5只以上,生长发育正常,性情温驯,外生殖器官正常,5月10日前出生的。根据观察,貉的产仔力与乳头数量呈强正相关(相关系数0.5),一般乳头多的母貉产仔数也多,所以应选择乳头多的当年生母貉留种。

(4)系谱鉴定　是根据祖先品质、生产性能来鉴定后代的种用价值。这对当年尚未投入繁殖的幼貉选种更为重要。系谱鉴定首先要了解种貉个体间的血缘关系,将在3代祖先范围内有血缘关系的个体归在一个亲属群内。然后,进一步分析每个亲属群的主要特征,把群中的个体编号登记,注明几项主要指标(毛色、毛绒品质、体型、繁殖力等),进行审查和比较,查出优良个体,并在其后代中留种。

(5)后裔鉴定　是根据后裔的生产性能考察种貉的品质、遗传性能、种用价值。有后裔与亲代比较、不同后裔之间比较、后裔与全群平均生产指标比较3种方法。

种貉的各项鉴定材料,需及时填入种貉登记卡,以便作为选种选配的重要依据。

(四)貉的选配

选配是选种的继续,是在选种的基础上为了获得优良后代而具体落实公母貉配种的一种方法。

1. 选配原则

(1)毛绒品质　公貉的毛绒品质,特别是毛色,一定要优于或接近于母貉才能选配。毛绒品质差的公貉与毛绒品质好的母貉选配,效果不佳。

(2)体型　大型公貉与大型或中型母貉选配为宜。大型貉与小型母貉或小型公貉与大型母貉不宜选配。

(3)繁殖力　公貉的繁殖力(以其本身的配种能力和子女的繁殖能力来反映)要优于或接近于母貉的繁殖力,方可选配。

(4)血缘　3代以内无血缘关系的公母貉均可选配。有时为了特殊的育种目的,如巩固有益性状、考察遗传力、培育新色型等也允许近亲选配,但在生产上必须尽量避免。

(5)年龄　原则上是成年公貉配成年母貉或当年生母貉,

当年生公貂配当年生母貂。

2. 选配方式

(1)同质选配　即在具有相同优良性状的公母貂之间选配,以期在后代中巩固或提高双亲所具有的优良性状。这是培育遗传性能稳定、具有种用或育种价值的种貂所必须采取的选配方式,多用于纯种繁育和核心群的选配。

(2)异质选配　即选择有不同优良性状的公母貂交配,以期在后代中获得同时具有双亲不同优良性状的个体;或选择同一性状有所差异的公母貂进行交配,以期在后代中有所提高。这是改良貂群品质、提高生产性能、综合有益性状的有效选配方式。

貂的选配工作一般在每年1月底完成,并编制出选配计划。

(五)白貂及吉林白貂的选育

1. 白貂及其特征

自然界中的貂历来都是青褐色,这种常见的普通色型在遗传上被称为野生型。1974年黑龙江省哈尔滨动物园曾收购到1只罕见的雄性白貂(眼、吻均为淡粉红色),1980年又在东北三省家养貂种群中陆续发现过眼睛黄褐色或淡蓝色、吻黑色的白貂或花白貂,这些有别于野生型毛色的特殊色型,被称为突变型。中国农业科学院特产研究所利用这些宝贵的白貂突变基因,经10余年的研究,终于成功地培育了我国的新色型白貂——吉林白貂。

吉林白貂从表型上看又分为2种:一种是除眼圈、耳缘、鼻尖、爪和尾尖带有野生型貂的毛色外,身体其他部位的针毛、绒毛均为白色;另一种是身体所有部位的针毛、绒毛均为白色。2种白貂毛色均惹人喜爱,体型与野生型貂差异不显著,在行为上较野生型貂更加温驯。

2. 白貂毛色遗传的特点

经大量研究表明,貂白色毛的遗传基因是显性基因(W),其对应的野生型貂遗传基因是隐性基因(w),但貂白色显性基因有纯合致死的作用,故所有白貂个体均为杂合体(Ww)。白貂与白貂、野生型貂选配的毛色分离情况如下:

(1) 　白　貂　　　×　　　白　貂
　　　(Ww)　　　↓　　　(Ww)

　　　$\boxed{WW}$　+　Ww　+　ww
　　致死白貂　　白貂　　野生型貂

(2) 　白　貂　　　×　　　野生型貂
　　　(Ww)　　　↓　　　(ww)

　　　　Ww　　　+　　　ww
　　　　白貂　　　　　野生型貂

可见白貂与白貂间交配,后代仅有1/2的白貂,由于显性基因的纯合致死作用,降低了繁殖力。白貂与野生型貂交配,后代也分离1/2白貂,却避免了显性基因纯合致死的后果。

3. 白貂的选种选配

我国现在的白貂类型毛色已很稳定,即白毛部分无论针毛、绒毛全部为白色,无其他杂色(如针毛白而绒毛不白或部分不白;或身体的某一部分不白等)。故白貂选种应侧重于毛色、毛质和体型,尤其公貂更要精选。

白貂的选配宜采用白貂与野生型毛色貂交配,不宜在白貂间选配。白貂一般有针毛粗长的缺点,选配的野生型貂其针毛最好短而密,以纠正白貂的缺点。

六、养貂场建场与设备

(一)建场的基本要求

场址的选择应符合貂的生物学特性要求,以使貂在人工饲养条件下正常地生长发育、繁殖和生产优质毛皮产品。同时,还应考虑长远的发展规划和环保要求。结合当地实际情况和资金来源等,认真勘察和科学、合理地选址建场。

第一,饲养条件。饲料来源是建场应考虑的首要条件。每养100只种貂(公母比例1:3),群平均每只种貂年繁殖成活5只仔貂,全年最高饲养量近500只,1年约需动物性饲料10~12吨,粮食类饲料20~25吨,蔬菜类饲料10~15吨。因而建场地点应是饲料来源广、容易获得及运输方便的地方。最好是渔业区、畜牧业区或靠近肉、鱼类加工厂等地方。养貂场必须建在能就近解决或购买各种饲料,尤其是动物性饲料的地方。

第二,自然条件。养貂场应建在高爽、向阳、通风、干燥、易于排水的地方。水源必须充足、清洁,绝不能使用死水、臭水或被病菌、农药污染的不洁水,或含矿物质过多的水。

第三,社会环境条件。养貂场应选在靠近公路、河流等运输条件比较好的地方,但同时应保证环境安静。为了搞好卫生防疫,养貂场应与畜牧场、养禽场和居民区保持500~1 000米的距离。养貂场的面积中应规划留出余地,以利于长远发展。

个体养貂数量少的,可充分利用现有条件和房前屋后的土地,但要离喧闹的公路、铁路、工厂、牲畜圈远些(50米以上),场地应保证冬季背风防寒,夏季阴凉防暑。

(二)建筑与设备

貉场的建筑与设备,应本着因地制宜、因陋就简、就地取材、勤俭办场的原则,力求经济适用。

1. 棚 舍

貉的棚舍为遮挡雨雪和防止烈日暴晒的简易建筑。棚顶一般盖成"人"字形,一面坡的也可以。用角钢、木材、竹子、砖石等做成支柱,上盖可加盖石棉瓦、油毡纸或苫房草等。棚檐高1.5~2米、宽2~4米,长度视饲养数量而定,两棚间距3~4米,以利于光照。

2. 笼 箱

是指貉的笼舍及小室。其规格式样较多,原则上以不影响貉正常活动、生长发育和繁殖并能防止貉逃跑为好。

貉的笼舍一般用钢筋或角钢制成骨架,然后固定铁丝网片。笼底一般用12号铁丝织成,网眼不大于3厘米×3厘米;四周可用14号铁丝织成,网眼不大于2.5厘米×3厘米。貉笼分种貉笼、皮貉笼2种。种貉笼舍稍大些,一般为90厘米×70厘米×70厘米;皮貉笼稍小些,一般为70厘米×60厘米×50厘米。笼舍行距在1~1.5米,间距在5~10厘米为好。

貉小室可用木材、竹子或砖制成。种貉小室,一般为60厘米×50厘米×40厘米;皮貉最好也备有小室,一般为40厘米×40厘米×35厘米。在种貉的小室与网笼相通的出入口处,必须设有插门,以备产仔检查或捕捉时隔离用。出入口直径为20~23厘米。小室出入口下方要设高出小室底5厘米的挡板,便于小室保温、垫草并防止仔貉爬出(图4)。

河北省大多养殖户采用铁丝网笼加砖砌窝室的模式,也

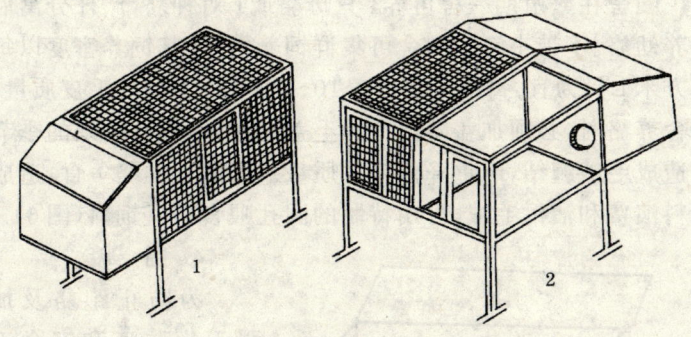

图 4 貉的笼箱
1. 种貉笼舍 2. 皮貉笼舍

很适用。砖砌窝室安静，貉不易受惊扰，保暖性能又好，还有利于夏季防暑。

3. 圈 舍

貉除可笼养外，也可圈养。圈舍的地面用砖或水泥铺成，以防貉挖洞逃跑。四壁可用砖石砌成，也可用铁皮或光滑的竹子围成，高度应在1.2～1.5米以上。养种貉的圈应备有小室，大小与笼养的种貉小室相同，小室既可安放在圈的里面，也可连在圈的外面，需高出地面5厘米(图5)。

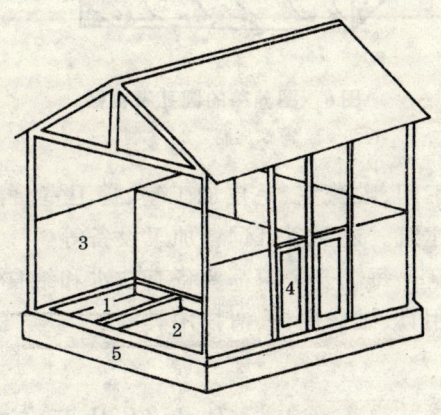

图5 地上式圈舍
1. 休息地 2. 运动场 3. 铁皮围墙
4. 门 5. 围墙基础

圈舍在繁殖期一舍可养1只母貉或1对种貉,产仔分窝后再养幼貉。不带小室的圈舍可集群饲养幼貉,其饲养密度以每平方米1只为宜,每圈最多可养10~15只。为保证毛皮质量,圈舍养貉时,必须加盖防雨雪的上盖,否则在秋雨连绵的季节会造成毛绒缠结,严重降低毛皮质量。为防止群貉争食,造成饲料浪费和沾污毛绒,可用特制的圆孔喂食器盛饲料(图6)。

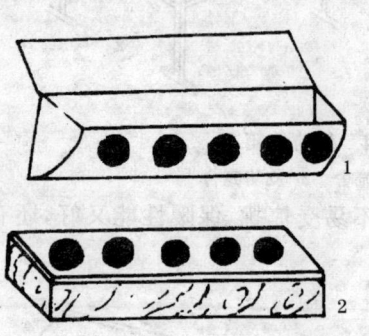

4. 围 墙

为防止跑貉及加强卫生防疫和安全工作,需在貉场或貉笼四周设1.5~1.7米高的围墙。围墙可用砖石、光滑的竹板或铁皮围成。

图6 圈养貉的圆孔喂食器
1. 薄铁皮制 2. 木制

5. 其 他

较大的养貉场还应具备办公室、饲料加工间、贮藏室、毛皮加工室、警卫室、兽医室、仓库及休息室等建筑。还要备有饲料加工设备等。

每个笼舍内都要备有饮水和给食用具。场内应备有捕貉用具、维修用具、清扫用具等。

七、貉皮的收取和初加工

养貉的最终目的是取皮,科学的饲养管理为获得高品质的貉皮提供了技术保障,而良好的屠宰剥皮及毛皮初加工技术则是获得优质貂皮的关键。

（一）影响貂皮质量的因素

1. 产 地

产于北纬40°以北地区的貂皮，其张幅大，皮板肥厚，毛绒长而密，底绒呈青灰色，光泽油亮，质地上乘，优于北纬40°以南地区所产的貂皮；北纬40°～30°地区所产貂皮的张幅略小，皮板肥壮，色泽光润，毛绒略薄，质地差些。在北纬30°左右及以南各地区所产的貂皮，毛短，绒稀，无光泽，皮板也很薄，质地最差。产于长江流域及以南各地的南貂皮，比北貂皮毛峰短，底绒空，但有轻便和毛色色泽艳丽等优点，也有一定的利用价值。

2. 季 节

（1）冬皮 毛绒紧密，光泽柔润，毛峰高齐，皮板白，后臀部略带灰暗，毛皮全部成熟，称季节皮，即冬皮，其质量最好，多为等内皮。

（2）晚秋皮 毛绒较短，光泽好，毛峰平齐，皮板臀部呈青灰色，属非季节皮，为等外皮。也有称肥板皮的，板质肥壮，弹性好，有柔韧度，质量次之，具有一定利用价值。

（3）秋皮 毛绒粗短而稀，光泽较暗，毛峰短平，皮板背部呈黑色，取皮过早，称非季节皮，其利用价值不大。

（4）早春皮 毛绒长而底绒略粘乱，光泽较暗，皮板呈黄红色，取皮较晚，弹性和油性不良，称非季节皮，有一定利用价值。

（5）春皮 毛绒长，底绒空薄，光泽暗淡，皮板发黄且脆弱，瘦板皮，称非季节皮，其利用价值不大。

3. 伤残痕迹及其影响

（1）刺脖　貉本身虽生有很厚的毛绒，但它经常因怕冷而缩脖休息，久而久之，造成脖处毛绒短矮次弱，底绒稀落粘乱。

（2）癞貉皮　由于小室长期潮湿等原因引起貉患皮肤病，导致体质衰弱，从毛皮表面上看，峰毛稀落、枯燥无光，底绒粘乱，皮板表面有癞痂。

（3）油烧板　因貉皮油性大，脂肪常常刮得不干净，致使皮板受到油的侵蚀而造成烧板。

（4）贴板　鲜的皮板未能及时上楦晾干，致使皮板贴在一起，加工时贴板处易掉毛。

（5）流沙和掉毛　皮板受热或受闷使针毛脱落的现象称为流沙；使毛绒整片脱落的现象称为掉毛。

（6）拉沙　即毛峰磨损，轻者峰尖被擦秃，重者伤及绒毛，也有因小室出入口狭小或不光滑造成的。

以上伤残痕迹对毛皮质量有很大影响，都要降等出售。

4. 饲养管理的影响

饲养管理的好坏直接影响貉皮的质量。如冬毛成熟期营养欠佳，含硫氨基酸、维生素或微量元素供给不足或不平衡，体表寄生虫侵害也能造成伤残痕迹，这些都会导致毛绒空疏，针毛弯曲，秃毛等，如刺脖、癞貉皮、流沙、拉沙等；还有因笼舍或圈舍污秽不洁，垫草更换不及时，而引起毛绒缠结；加工不当，也会造成人为伤残等，都要降等出售。

（二）貉皮的收购规格

目前尚无全国统一的貉皮收购规格，现将国内试行的收购规格介绍如下，以供参考。

1. 加工要求

加工貂皮要求按季节屠宰，剥皮适当，皮形完整，头、腿、尾齐全，除净油脂，以统一规定的楦板上楦，皮板朝里，毛向外，呈筒形晾干。

2. 等级规格

（1）一级　毛绒丰足，针毛齐全，色泽光润，板质良好，可带刀伤或破洞2处，其总面积不超过11平方厘米，或破口长不超过6厘米。

（2）二级　毛绒略空疏或略短薄，可带一级皮伤残，具有一级皮毛质、板质，可带刀伤或破洞3处，其总面积不超过16.7平方厘米，或破口长度不超过9厘米，或臀部针毛略受摩擦，两肋针毛尖略受摩擦。

（3）三级　毛绒空疏而短薄，可具一、二级皮毛质、板质，可带刀伤，破洞总面积不超过45平方厘米，臀部针毛摩擦较严重，两肋针毛擦伤较重，腹部无毛，刺脖较重。

（4）等外皮　加工不符合统一规定的楦板板形或不符合等内要求的貂皮为等外皮。

貂皮楦板长150厘米、厚2厘米，由软杂木板制成，要求表面光滑无棱角，具体规格见图7。

3. 等级比差

一级皮100%，二级皮80%，三级皮60%，等外皮按实际使用价值分为40%，20%，5%计价，低于5%使用价值的不收。

4. 长度规定

貂皮长度为从鼻尖至尾根的长度。等内皮分为0～6号，其具体长度比差如下（档间差就下不就上）。

0号　99厘米以上为130%；

1号　90～99厘米为120%；

2号　81～90厘米为110%；
3号　72～81厘米为100%；
4号　63～72厘米为85%；
5号　57～63厘米为70%；
6号　57厘米以下为55%。

5. 面积规定

一等皮1 777.78平方厘米以上，二等皮1 444.44平方厘米以上，三等皮1 222.22平方厘米以上，不足三等者为等外皮。

（三）屠宰剥皮与毛皮初加工

1. 屠宰

貉的屠宰时间应在毛皮成熟期内进行，一般在11～12月份。貉皮成熟的标准主要是看臀部毛绒是否长齐，如果已经长齐，则标志着全身毛绒成熟，可屠宰剥皮。

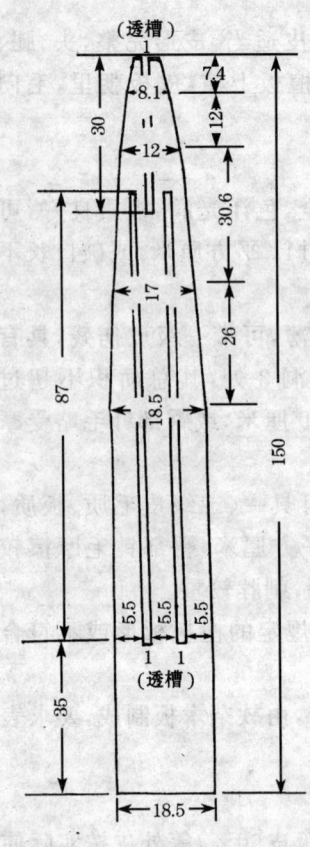

图7　貉皮楦板
（单位：厘米）

屠宰方法，可用棍击法、电击法和药物法。棍击法最为简单，是用棍棒猛击貉的后脑或眉间，使其脑部受震荡而陷入昏迷状态或死亡。电击法是将连接220伏火线的金属棒导入肛门，待貉前爪或口、鼻接触地面通电5～10秒钟即死亡。药物法是肌内注射氯化琥珀胆碱（司可林)8~10毫克,注射后貉会迅速死亡,该法的优点是迅速简便,不污染毛绒。

2. 剥 皮

剥皮要在貉尸体尚有一定温度时,采用圆筒式剥皮法,主要靠手指扳抠,辅以剪刀等工具协助将皮剥离。

首先是挑裆,即从后肢肘关节处下刀,沿股内侧背腹部长短毛分界线,通过肛门前缘挑至另一后肢肘关节处,然后从尾腹面的中线挑至肛门后缘,再将肛门两侧的皮肤挑开。去掉前后趾爪部。最后将貉尸体头朝下,将两后肢固定在剥皮钩上,从后向前翻剥(图8)。

剥皮时先用手指插入腿的皮和肉之间,借助剪刀等工具用手指扳抠,先剥离后臀部,然后从后臀部向头部方向做筒状翻剥,剥至公貉生殖器时,将尿道剪断。剥至头部时,要注意保持耳、眼、鼻部皮张的完整,在这些部位要用剪刀割断皮

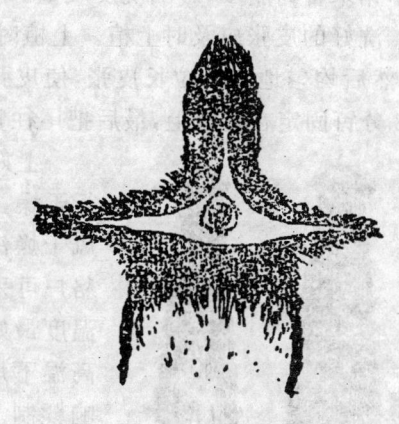

图8 挑裆示意图

和肉的连接处。为避免油脂、残血污染毛皮,剥皮时手和皮板上要撒锯末或麸皮。

3. 皮张的初加工

从尸体上剥下的鲜皮,皮板上常附有油脂、血迹和残肉等需刮除,这个过程称为刮油。刮油须在皮板上的油脂干燥以前进行,干皮需经充分水浸后再刮。采用钝刀或竹板,刮油用力

要均匀,避免刮伤真皮层;刮油时,需将皮板撑开,勿使其有皱褶,以免把皮刮破;头部皮板上的肌肉用刀不容易刮净,可在刮油之后,用剪刀将肌肉剪除;刮油时持刀要轻快、平稳,还要随时用锯末或麸皮擦手,以防浮油污染被毛。

刮完油的皮张需进行清洗,即用锯末或粗麸皮先搓洗皮板的浮油,直搓至不粘锯末或麸皮时为止,然后将皮板翻过来洗净被毛上的油脂和其他污物。洗皮用的锯末或麸皮一律要过筛,筛去过细的锯末或麸皮,因为太细的锯末或麸皮易粘在皮板或毛绒里,影响毛皮质量。另外,不要用松木的锯末,因为松木锯末含树脂多,影响洗皮质量。

洗好的皮张应及时上楦。上楦时首先将头部固定在楦板上,然后均匀地向后拉长皮张,使皮张充分延伸后,再把边缘用8分钉固定在楦板上,最后把尾往宽拉平固定(图9)。

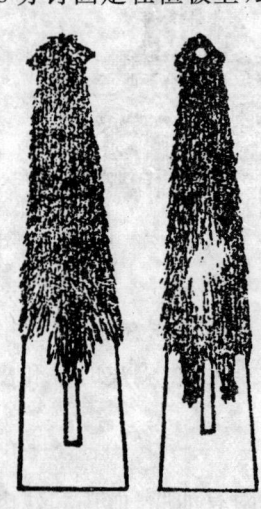

图9 貉皮的上楦

上好楦板的皮张,需立即进行干燥。大型养貉场最好采用吹风干燥法,小型养貉场或专业养貉户可采用烘干干燥法。干燥的温度最好为20℃~25℃,严禁在高温下烘烤,以防皮板胶化而影响鞣制。如果干燥不及时,会出现闷板脱毛现象,使皮张质量严重下降,甚至失去使用价值,必须十分注意。防止闷板脱毛的方法是:先毛朝里、皮板朝外上楦干燥,待干至五六成时,再将毛面翻出,变成皮板朝里、毛朝外干燥。翻板要及时,否则将影响毛皮的美观程度。

干燥好的皮张应及时下楦。下楦后需进一步对皮张进行整理,用锯末或麸皮洗去灰尘和脏物,然后梳毛,使毛绒蓬松、柔润、美观。

最后,对毛皮进行初步验收,鉴定分级。

八、貉的疾病防治

(一)貉病防治常识

1. 养貉场常用的消毒方法和药物

消毒方法有物理消毒法,如清扫、日晒、干燥及高温火焰消毒;生物消毒法,主要是对粪便、污水或废物做生物发酵处理;化学消毒法,即用化学药物杀灭病原体。常用的化学消毒药有下列几种。

漂白粉 一般每1 000毫升水中加0.3～1.5克用于饮水消毒;5%～20%混悬液用于粪便消毒。

氢氧化钠(苛性钠、烧碱) 常用1%～4%的热水溶液消毒被细菌、病毒污染的用品。但金属器械和笼子不能用,易被腐蚀。

石灰乳 石灰乳是用1份生石灰加1份水制成的熟石灰,再用水配制成10%～20%的混悬液,用于粪便、地面的消毒。该药需现用现配。

来苏儿 又称煤酚皂液,是含煤酚47%～53%的肥皂制剂。1%～2%的来苏儿溶液用于体表、手指和器械的消毒;5%

的来苏儿溶液用于笼舍、污物的消毒。

甲醛溶液 常用2%～4%水溶液消毒地面、护理用具及饮食用具。

许多节肢动物如蚊、虻、蝇、蜱等是貉传染病和寄生虫病的重要传播媒介。因此，养貉场要定期进行杀虫。常用的化学杀虫剂有下列几种。

敌百虫 常用0.1%水溶液喷洒杀虫或用1%水溶液浸泡米饭做成毒饵杀虫。

敌敌畏 用1%溶液浸泡米饭做毒饵杀虫或用0.5毫升/米^{3}熏蒸杀虫。

倍硫磷 用0.05%～0.1%乳剂或每平方米0.5～1克喷洒杀虫。

马拉硫磷 用0.1%～1%乳剂喷洒杀虫。

除虫菊酯 用1%～3%乳剂喷洒杀虫。

2. 饲料与饮水卫生

饲料、饮水卫生与貉的健康有密切关系。当貉食入带有病原体的动物性饲料或被污染的饲料时，很容易发生某些传染病、寄生虫病或急慢性饲料中毒病等。水也是传播传染病和寄生虫病的重要途径之一，特别是肠道传染病和寄生虫病。同时，饮用水中某些元素过剩或必需元素缺乏，往往能引起貉的多种代谢病。

(1)饲料的卫生要求 貉场应单独设置饲料库、饲料调配间；禁止从疫区购买和采集饲料；对进场的饲料应严格检查其新鲜度；应防止库存饲料受污染变质，已腐败变质的饲料不能再用；死因不明的动物绝不能给貉食用。

(2)饮水的卫生要求 貉饮用的水以选择自来水为最好。如貉场自备水源，应进行微生物学及寄生虫学检查。饮用水应不含病原微生物、寄生虫、虫卵及水生生物;有毒物质不超过最大允许浓度;微量元素也不能低于正常值。

3. 传染病的预防

搞好养貂场卫生,定期消毒、杀虫、灭鼠等是切断传染病传播途径的重要措施,除此以外,预防传染病发生还应注意做好以下2个方面的工作。

(1)预防接种 在经常发生某些传染病的地区,或有某些潜在传染病的地区,或邻近地区发生传染病,都应有计划地给健康貂进行免疫接种,这是一种积极主动的预防方法。预防接种必须根据疫苗的免疫期限,每年至少进行2次。在进行免疫接种时,一定要严格按照使用说明进行,过期的生物制品不能使用。应注意疫苗的保存温度,以防失效。一般情况下,2种疫苗不宜同时接种,以用单苗免疫效果好。

(2)药物预防 对某些细菌性传染病,药物预防有一定效果。饲料中添加适量抗生素、磺胺类药物或呋喃类药物可控制一些传染病。但长期使用药物易产生耐药菌株,影响防治效果。最好定期进行药物预防,同时将各种有效药物交替使用,才能收到较好的效果。

4. 发生传染病时的扑灭措施

(1)及时上报疫情 当貂发病、死亡时,饲养人员应立即通知兽医人员,迅速确诊,一旦确诊为传染病应立即向有关部门上报疫情,并通知邻近单位和有关部门注意做好预防工作。

(2)隔离检疫 当貂发生传染病时,根据检疫结果,应将貂群分为病貂、疑似感染貂和假定健康貂。对病貂应隔离于舍内,设专人护理,并对其治疗;疑似感染貂(与病貂同舍或共饲的貂)有可能为潜伏期的病貂,应在消毒后进行紧急预防接种和药物预防,并集中观察,若经一定期限不发病,即可解除隔离;假定健康貂(与病貂没有接触或邻近舍内的貂)应进行预防接种和采取相应的保护措施。

(3)封锁现场 当发生烈性传染病时,如犬瘟热等,除严格隔离病貂外,应立即划区封锁。封锁应以"早、快、严、小"为原则,即在流行初期果断采取封锁措施,严密封锁,范围不宜太大。在封锁区内,对所有貂进行免疫接种,对严重病貂应采取扑杀措施,在最后1只病貂死亡后再观察一段时间,若再无疫病发生,应对貂场全面消毒后解除封锁。

(4)尸体处理 死于传染病的貂尸体应妥善处理,否则会造成新的传染源,危及其他健康动物。常用的处理方法有:

①掩埋发酵法 选择地势高,水位低,远离居民区、动物场、水源和道路的僻静地方,挖一适当大小的坑,坑底撒布生石灰,放入尸体后,再放一层生石灰,然后填土掩埋,经3～5个月生物发酵,即可达到无害化处理的目的。

②焚烧法 挖掘一适当大小的坑,内堆放干柴,尸体放于柴中,倒上煤油点燃焚烧,直至尸体烧成黑炭为止,并将其掩埋在坑内。

③高压灭菌法 有条件的貂场可将尸体进行高压灭菌,此法可靠,灭菌后的尸体可综合利用。

5. 貂病诊断的基本方法

(1)一般检查 包括问诊、视诊、触诊、听诊、叩诊、嗅诊。问诊,是向饲养管理人员询问病貂发病情况及表现,是否已做预防接种和用药治疗以及种貂来源、健康状况、貂场卫生管理情况和饲养管理情况等。视诊,是指用肉眼或借助于器械观察病貂的体况和营养状态,被毛的光泽、颜色、长度、分布及换毛情况,皮肤的光滑度,有无溃疡和出血斑点等,可视粘膜的颜色有无异常,是否有出血点或出血斑,粘膜分泌物状况以及粘膜是否肿胀等,除此以外还要观察貉的呼吸状况、排粪和排尿的动作及排泄物性状。触诊,是用手指或手掌对要检查的组织或器官进行触压判断,体表触诊可检查貉体表温度、湿度、弹性、有无肿胀、局部炎症等,还可检查到心跳状况,体表淋巴结及肌腱、骨骼、关节有无异常;深部触诊检查内脏器官如胃肠、膀胱等,感知其位置、大小、形状和硬度。听诊,是用耳或听诊器听取貉内脏器官的声音,辨别其声音为生理性还是病理性的,并估计病变范围的大小。叩诊,是根据叩打貉体表所产生的声音,推断叩打组织及深部器官有无病理变化,多用于确定胸壁有无疼痛,胸腔是否积液,肺部病变的范围和性质,肝或脾的界线,有无腹水等。嗅诊,是通过嗅闻动物呼出的气体、分泌物、排泄物的气味来诊断疾病。

(2)尸体剖检　尸体剖检是利用病理解剖学知识,根据尸体的病理变化进行现场诊断的一种方法。尸检应在貉死亡后及早进行,以免死后尸体变化影响诊断。剖检最好在动物场病理室进行,如果没有条件,需在室外剖检的,应选地势高燥、远离水源、道路、住宅的地方,剖检后要妥善处理尸体。剖检过程中应做好尸体剖检记录,写出剖检报告,这是诊断疾病的重要依据。貉尸体剖检顺序为:皮下—腹腔—胸腔—头部。皮下检查是在剥皮的同时进行的,主要检查有无出血、水肿、脱水、炎症、脓肿等,还要检查皮下脂肪的量、颜色、性状及皮下淋巴结的形状、大小、重量、颜色、硬度、切面状况等。各种传染病和中毒病常引起淋巴结增生肿大。腹腔检查主要是检查腹腔液、腹腔内有无异常内容物,腹膜有无异常,腹腔脏器(肝、脾、肾、胃肠、膀胱、胰脏等)的位置、外形、质地、色泽等有无变化,胃肠道和膀胱粘膜及其内容物有无异常变化等。胸腔检查主要是看胸腔内有无异物,胸腔液的量和性状,胸膜有无病变,心脏的表面有无出血,纵沟和冠状沟的脂肪量和性状,心脏的大小、色泽、心包膜、心外膜、心内膜、心肌等有无变化,肺脏及气管有无出血、炎症、异物、结节等。头部检查主要是看颅腔内脑膜有无充血、瘀血、出血等,脑组织有无脓肿、出血、充血,脑室有无积水,口腔内气味、粘膜状况,牙齿及口腔分泌物是否异常等。

6. 貉病的治疗技术

(1)貉的保定方法　徒手保定时可一手持木棍在貉眼前晃动以分散其注意力,另一只手瞅准机会迅速抓住尾巴,并从笼中拉出提起,将颈部夹在腋下,或将其固定在地上或操作台上。如有捕捉板、捕捉钳、捕捉网或捕捉套等,可用其卡住貉颈部或兜住全身,在助手协助下即可进行诊治。也可采用药物保定法,即用2%淀粉溶液将水合氯醛稀释成10%的溶液给貉灌肠(水合氯醛用量为0.3~0.5克/千克体重)。或用氯胺酮肌内注射,剂量为6.5~9毫克/千克体重。

(2)貉的给药方法

①皮下注射法　对无刺激性和需要快速吸收的药物,可采用皮下注射法。注射部位可选择肩胛、腹侧或后肢内侧等皮肤疏松且无大血管处。注射时用左手拇指和食指将皮肤捏起,使之形成皱襞,右手持注射器,在皱襞底部稍斜向把针头刺入皮肤与肌肉间,将药液推入。

②肌内注射法(肌注)　注射部位选择肌肉丰满的后肢股内侧、颈部或臀部,用左手拇指和食指压住注射部肌肉,右手持注射器,稍直立迅速进针,徐徐推入药液。

③静脉注射法(静注)　如果注射的药液刺激性很大,或需要迅速吸收奏效时,可用静脉注射法。常选后肢隐静脉注射。注射时要严格消毒,防止药液漏在血管外和将空气注入血

管内。

④自食法 在病貂尚有食欲且药物异味不大的情况下，可在喂食前将药末混于适口的饲料中，让其自食。大群投药时，要特别注意计算好用药量并将药物与饲料混合均匀，避免出现药物中毒或药量不足。

⑤喂食法 病貂尚有食欲且药物异味不大时，可将药物研成细粉，混合于肉汤、牛奶、白糖或蜂蜜中制成糊状，用木棍或镊柄等将药涂于病貂舌根或口腔上腭部，让其自行咽下。

⑥胃管投药法 当病貂拒食而药物又不适于注射使用时，可采用胃管投药法。常用带孔的木棍先让貂咬住，保定后使胃管通过木棍的孔由口腔经食管插入胃内，然后投药。插管时应注意不要插入气管内。

⑦直肠灌注法 将药液通过肛门直接注入直肠。用于貂的麻醉、补液、缓泻。大多使用人用导尿管连接大的玻璃注射器作灌肠用具。灌注前器具应注意消毒，药液温度应接近体温。

7. 貂常用疫苗及其他制剂使用简介

（1）犬瘟热弱毒疫苗 用于预防犬瘟热，也可做紧急接种；预防量无论貂的大小均为3毫升，皮下注射，每年免疫2次，间隔6个月，仔貂断乳后2~3周接种；冰冻运输，于-15℃以下保存，融化后要在24小时内用完。

（2）病毒性肠炎灭活疫苗 用于预防细小病毒引起的腹泻，也可做紧急接种；预防量无论貂的大小均为3毫升，皮下注射，每年免疫2次，间隔6个月，仔貂断乳后2~3周接种；常温保存和运输，严防结冻。

（3）貂阴道加德纳氏菌灭活菌苗 用于预防由加德纳氏菌引起的母貂流产、空怀；预防量无论貂的大小均为1毫升；

肌内注射,每年免疫2次,间隔6个月;常温保存和运输,严防结冻。

(4)貉绿脓杆菌多价灭活菌苗 用于预防貉化脓性子宫内膜炎;免疫剂量为2毫升,肌内注射,每年免疫1次,仅供配种前15～20天的母貉使用;常温保存和运输,严防结冻。

(5)貉巴氏杆菌多价灭活菌苗 用于预防巴氏杆菌感染引起的败血症;预防量无论貉的大小均为2毫升,肌内注射,每年免疫2次,仔貉断乳后2～3周接种;常温保存和运输,严防结冻。

给貉接种疫苗时一定要注意对湿冻疫苗如犬瘟热疫苗,应事先用冷水快速融化;注射器与针头要煮沸消毒,一貉一换针头;注射部位要用75%酒精棉球消毒;疫苗必须充分振荡均匀,并仔细检查疫苗瓶有无裂缝或瓶盖松动,性状有变化时不能使用;注射疫苗时药液不要随地泄漏或打在毛被上,若污染环境,易引发疫病。

(6)TM制剂 为活菌制剂,液体型,应避免与抗生素合用;预防和治疗细菌性腹泻;均匀混于饲料中喂给,预防量1毫升,治疗量2毫升,每天1次。

(7)速效催乳剂 适用于治疗母貉缺奶,肌内注射,每次100微克,一般注射1次即可,若效果不显著,可于次日再注射1次。对乳房炎无效。

(8)消胀灵 用于急性胃扩张,胃内注射,用量为15～20毫升,对由肠扭转、肠套叠引起的胃扩张无效。

(9)抗真菌1号 适用于皮肤真菌感染,可外用涂擦,每隔3天1次。对皮肤疥螨无效。

(10)褪黑激素埋植剂 可促进皮用貉毛皮提前成熟。颈部皮下埋植,每只2粒,适宜在6月15日到7月15日埋植,可提前1~1.5个月取皮。注意埋植后要增加给食量,另外埋植时不要误埋于肌肉中。

8. 貉常用药物使用说明

（1）青霉素钾（钠） 针剂;适用于感冒、肺炎、脑膜炎、外伤、尿路感染;肌注,每天2次,每次40万~80万单位。

（2）双氢链霉素 针剂;适用于革兰氏阴性菌感染;肌注,每天2次,每次20万~40万单位。

（3）阿莫西林（阿莫仙） 片剂或胶囊;适用呼吸道和尿路感染、钩端螺旋体感染;口服,每天2次,每次1~2片。

（4）硫酸庆大霉素 针剂或片剂;适用于肺炎、肠炎、化脓性子宫内膜炎、外伤感染;肌注、口服或静注,每天2次,每次4万~8万单位。

（5）硫酸卡那霉素 针剂或片剂;适用于腹泻、子宫内膜炎、外伤感染、支原体感染;口服、肌注或静注,每天2次,每次25~50毫克,约25~50单位。

（6）氯霉素 片剂、针剂、膏剂;适用于阴道加德纳氏菌感染、肠道菌感染、结膜炎、脑膜炎;口服、肌注或静注,每天2次,每次0.25克。

（7）土霉素 片剂或针剂;适用于附红细胞体感染、肠道菌感染;口服,每天2次,每次0.25~0.5克。

（8）四环素 片剂或针剂;适用于附红细胞体感染、支原体性肺炎;口服或静注,每天2次,每次0.25~0.5克。

（9）磺胺嘧啶 片剂或针剂;适用于脑炎、肺炎;口服或静注,每天1次,每次1克,首次用量加倍。

（10）复方新诺明（磺胺甲噁唑） 片剂;适用于尿路感染、呼吸道感染、消化道感染、化脓性感染;口服,每天2次,每次1片,约0.5克,首次用量加倍。

(11)磺胺脒　片剂;适用于肠炎、细菌性痢疾;口服,每天2次,每次1～2片,约0.5～1克。

(12)磺胺醋酰钠　滴眼液;适用于细菌性结膜炎;滴眼,每天3次,每次1～2滴。

(13)诺氟沙星(氟哌酸)　片剂或针剂;适用于肠炎、尿路感染、化脓性子宫内膜炎;口服或静注,每天2次,每次100毫克。

(14)环丙沙星　片剂或针剂;适用于消化道、呼吸道及尿路感染;口服或静注,每天2次,每次100毫克。

(15)穿心莲　针剂;适用于肠炎、菌痢;肌注或静注,每天2次,每次0.1～0.25克。

(16)灰黄霉素　片剂;适用于皮肤真菌感染;口服,每天2次,每次0.2～0.25毫克。

(17)制霉菌素　片剂或膏剂;适用于真菌感染;口服,每天2次,每次50万单位,外用局部涂擦。

(18)利巴韦林(病毒唑)　针剂或片剂;适用于病毒性感冒、病毒性传染病辅助治疗;肌注、静注或口服,每天2次,每次100～200毫克。

(19)驱蛔灵　片剂;适用于驱肠道线虫;口服,每天2次,每次1克,或每千克体重0.2克。

(20)左旋咪唑　片剂;适用于驱肠道线虫;口服,每天1次,每次25～50毫克。

(21)阿维菌素(虫克星)　针剂;适用于皮肤疥螨、体内寄生虫;皮下注射,每千克体重0.02毫升,每天1次,间隔7天第二次注射。另外还有伊维菌素、多拉菌素(通灭)都是寄生虫的驱虫药,可按说明书使用。

(22)氯丙嗪(冬眠灵)　片剂或针剂;适用自咬症、呕吐、中暑;口服或肌注,每天1次,每次25～50毫克,约1～1.5毫升。

(23)药用炭　片剂;适用于腹泻、消化不良、食物中毒;口服,每天2次,每次2～4克。

(24)垂体后叶素　针剂;适用于催产、化脓性子宫内膜炎;肌注,每次2.5万～5万单位,约1～2毫升。

(25)催产素　针剂;适用于引产、子宫收缩无力;肌注,每次1.25～2.5单位,约1～2毫升。

(26)维生素D_2　针剂或片剂;适用于佝偻病、骨软症;肌注,每天1次,每次1毫升;口服,每次1片。

(27)维生素B_1　针剂或片剂;适用于消化不良、食欲不振、维生素B_1缺乏症;口服或肌注,每天2次,每次5～10毫克。

(28)维生素B_2　针剂或片剂;适用于脂溢性皮炎、脚皮炎;口服或肌注,每天2次,每次5～10毫克。

(29)复合维生素B　针剂或片剂;适用于消化不良、厌食;口服或肌注,每天2次,每次25毫克,约1～2毫升。

(30)维生素C　针剂或片剂;适用于红爪病,各种感染性疾病辅助治疗,中毒性疾病;口服或肌注,每天2次,每次20～25毫克。

(31)维生素E　针剂或片剂;适用于黄脂肪病、维生素E缺乏症、习惯性流产、皮肤角化;口服或肌注,每天2次,每次10毫克。

(32)维生素K_3　针剂或片剂;适用于消化道出血、外伤出血、出血性素质;口服或肌注,每天1次,每次2～4毫克,约2毫升。

(33)止血敏　针剂或片剂;适用于胃肠道出血、泌尿道出血、外伤出血;口服或肌注,每天2次,每次0.5～1克。

(34)尼可刹米　针剂;适用于心力衰竭;肌注,每天2次,每次0.25毫克,约0.5～1毫升。

(35)肾上腺素　针剂;适用于休克、心衰;肌注或皮下注射,每次0.3～0.5毫升。

(36)安痛定　针剂;适用于各种炎症或疼痛;肌注,每天2次,每次1～2毫升。

(37)地塞米松　针剂;适用于各种炎症、过敏、高热、结膜炎;肌注或静注,每天1次,每次1～2毫克。

(38)艾茂儿　针剂;适用于各种炎症、疼痛、呕吐;肌注,每次0.5～1毫升。

(39)乳酶生　片剂;适用于消化不良;口服,每天2次,每次2片,约1.5～2克。

(40)胃舒平　片剂;适用于消化不良、胃炎;口服,每天2次,每次1～2片,约0.5～1克。

(41)胃蛋白酶　粉剂;适用于消化不良、食欲减退;口服,每天2次,每次0.5～1克。

9. 貉的基本生理常数

体温38.2℃～40.2℃,平均39.3℃;脉搏每分钟平均156.8次;呼吸每分钟平均47.2次;血红蛋白含量为73%(10.6克/100毫升),血液生理常数见表16。

表16　不同类型貉的血液生理常数

类别	成年貉	公	母	幼貉	公	母
血红蛋白(克/100毫升)	10.6	10.1	10.9	10.2	10.2	10.2
红细胞数(百万/毫米^3)	543.8	378.5	554.5	549.3	533.8	588.0
白细胞数(千/毫米^3)	17.8	16.5	18.6	15.6	15.0	17.2

（二）貉常见病的防治

1. 犬瘟热

〔病原及流行病学〕 犬瘟热是由犬瘟热病毒引起的急性、高度接触性传染病,在貉又叫貉瘟热或貉瘟。

自然条件下,犬、貉、狐、水貂、雪貂、黄鼬、狼、狸等对犬瘟热易感,患病或带毒动物与健康貉接触,即可将病毒传给健康貉群。被病毒污染的饲料、饮水及饲养人员的衣、鞋、用具等都能传播本病。鼠类、昆虫、禽类也能传播本病。

〔症 状〕 初期病貉体温升高,精神沉郁,食欲减退或拒食,时有呕吐。发病2～3天后出现腹泻,粪便有时带血。眼结膜潮红、肿胀、羞明流泪,有浆液性、粘液性或化脓性分泌物,严重的眼睑被脓性分泌物粘合在一起,并发生角膜炎和小的溃疡灶。鼻镜干燥,鼻裂纹明显或肿大、龟裂、结痂,鼻粘膜浆液性炎症,后变为粘液性或化脓性炎症。呼吸困难,重者张口呼吸。病貉以爪拭鼻,打喷嚏,干咳,后转变为湿咬。后脚掌和尾尖皮肤发生皮疹、结痂和肿胀,全身被毛粗乱,有麸皮样落屑。神经系统症状多见于病初期或病末期,表现为病貉咬肌、头肌、四肢肌痉挛、麻痹、抽搐。本病持续时间短者2～3天,长者可达20～30天以上。老龄貉抵抗力较强,幼龄貉病死率可达80％～90％。

〔病理剖检〕 胃肠粘膜红肿、卡他性炎症、糜烂或溃疡,直肠粘膜呈条状、点状或弥漫性出血。肝暗红色瘀血。脾肿大或萎缩。肾脏表面点状出血,切面皮质和髓质界线不清。膀胱粘膜点状或斑状出血。心肌弛缓,心外膜点状出血。气管粘膜和肺脏有卡他性炎症。有神经症状的病例,脑实质有微小出血点。

〔诊　断〕　根据疾病的流行情况和症状、病理剖检可做出初步诊断。确诊需进行病毒的分离鉴定和血清学检验或生物试验。

〔防　治〕　对犬瘟热没有特异性治疗药物，磺胺类药物和抗生素可防止或治疗并发感染。预防犬瘟热的主要措施是接种犬瘟热疫苗。种貉在1月份和7月份进行2次接种，仔貉在断乳后2～3周接种，接种方法可采用皮下注射法。一旦发生犬瘟热，应及时诊断、检疫、隔离。被病貉分泌物、排泄物污染的一切环境应彻底消毒。要彻底淘汰带毒病貉，尸体要烧毁，其毛皮单独放于一室内并做消毒处理。犬瘟热病愈后自然带毒6个月，在此期间应反复消毒，带毒期过后，方可解除隔离和引进健康貉。在治疗方面，病初期可用大剂量(20～30毫升)抗犬瘟热血清，皮下分点注射，或加地塞米松静脉注射效果更佳。同时用抗生素肌注或静注控制消化道和呼吸道炎症。如庆大霉素每次8万单位，每天2次；乳酸环丙沙星每次10毫克，每天2次；配合维生素C、维生素B_1、维生素K_3辅助治疗。无食欲时以5%葡萄糖生理盐水输液，腹泻严重的静脉输入5%碳酸氢钠5～10毫升。此外，干扰素、转移因子、病毒唑、黄芪注射液等对犬瘟热的治疗具有协同作用，可抑制病毒蛋白的合成。

2. 狂犬病

〔病原及流行病学〕　狂犬病是由狂犬病病毒引起的人兽共患的接触性传染病。犬科的犬、貉、狼、狐等易感本病并可成为病毒的贮存宿主。患病或带毒动物咬伤健康貉，或通过皮肤粘膜损伤处可将病毒传播给健康貉。

〔症　状〕　貉发生狂犬病表现为狂暴型。根据发病经过，可分为3个时期：①前驱期：表现短时间的沉郁，运动不自主，如受限制,此期常不易察觉。②兴奋期:表现兴奋性很强,猛扑各种动物和人,并厮咬各种物体。病貉常损伤自己的舌、齿、齿龈,拒饮食,呻吟,腹泻。兴奋与精神沉郁交替出现。③麻痹期:病貉后躯摇晃,后肢麻痹。机体迅速消瘦,最后卧地不起,呼吸中枢麻痹,循环衰竭而死亡。病程3~6天。

〔病理剖检〕 本病无特征性病理变化,患病貉常表现机体异常消瘦。胃内空虚或充满异物,胃粘膜高度发炎、大量出血。脑实质和软脑膜充血肿胀,并伴有点状出血。病理组织学检查有非化脓性脑炎变化,在大脑海马角的神经细胞、小脑的浦金野氏细胞和迷走神经干均可见到嗜酸性的胞浆内包涵体。常有伤口。

〔诊　断〕 根据流行病学、症状及病理变化即可确诊。对潜伏期貉的确诊,必须进行病毒分离鉴定或血清学诊断。

〔防　治〕 在当地有狂犬病流行时,应对貉群进行免疫接种。一旦貉群发生狂犬病,病貉没有治疗价值,应立即扑杀。尸体要焚烧,禁止取皮。饲养人员也要进行狂犬病疫苗接种。如果健康貉被患狂犬病的动物咬伤,应立即隔离,从伤口中挤出部分血液,用肥皂水或3%石炭酸溶液清洗伤口,再用5%碘酒涂于伤口处,并尽快注射抗狂犬病免疫血清。平时预防狂犬病的关键在于严防狗、猫及其他动物进入饲养场。饲养场养的护院狗应定期接种疫苗免疫。目前应用的疫苗有组织培养灭活苗,5天内肌注2次,免疫期6个月;狂犬病弱毒苗,肌注1毫升,免疫期1年。

3. 病毒性肠炎

〔病原及流行病学〕 貉病毒性肠炎的病原属细小病毒。该病毒广泛存在于病貉的血液、内脏及分泌物、排泄物中,具有很强的致病力。

本病的主要传染来源是病貉、带毒貉,患泛白细胞减少症的猫、病毒性肠炎的貂和患细小病毒性肠炎的犬均可传播病原,使貉发生病毒性肠炎。自然条件下,患病貉的粪、尿和唾液能散播病原,被污染的饲料、饮水、用具和环境都可使易感貉受到感染。本病主要是通过消化道和呼吸道感染,幼貉的发病率和病死率很高,成年貉耐受力较强,且多呈慢性或隐性感染。患病后康复貉可带毒、排毒1年以上,是最危险的传染源。本病多在每年的6～10月份发生,应采取有效控制措施,以免在第二年分窝前后的幼貉群中再发。

〔症　状〕　病貉最初食欲减退或废绝,饮欲增强,精神沉郁,被毛蓬乱无光泽,时有呕吐。典型症状为排便初软后稀,多粘液,灰白色,逐渐变为鲜红色、红褐色、黄绿色水样,有时可见带有条状血痕的粪便。随病情的加重,粪便中含有多种颜色的粘膜,脱落的粘膜厚薄不一,呈灰白色、黄色、白色或奶酪样、黑色煤焦油样,严重腹泻者,常呈里急后重。后期极度消瘦和虚弱,眼窝深陷,最后衰竭而死。本病病程多为4～14天,少数急性病例发病次日死亡。康复貉如再次复发,多预后不良。在病程后期进行血液检查,发现白细胞数明显减少。

〔病理剖检〕　小肠呈急性出血性炎症,肠内有暗红色血样内容物,小肠外观呈血肠样;有的肠内有黄绿色水样物。病程长的病例,肠壁有纤维素性坏死灶。多数肠系膜淋巴结肿胀。部分病死貉脾肿大,胆囊胀大,内充满胆汁,肝脏呈土黄色脂变,质地脆弱。

〔诊　断〕　根据流行病学、症状、病理剖检可做出初步诊断。最后确诊应依据生物学试验或琼脂凝胶扩散试验、沉淀反应、血凝抑制试验、病毒分离鉴定等的结果。

〔防　治〕　目前对本病尚无特效疗法。抗生素和磺胺类药物只能在病的早期防止细菌的继发感染,从而降低病死率。据报道,应用免疫血清可获得较高的治愈率。亦可紧急接种疫苗,剂量为预防量的2倍,2周后病情好转。对症治疗可用硫酸庆大霉素每天4万～8万单位,同时在饮水中投喂链霉素2000单位。辅助治疗用复合维生素B或维生素C。也可用卡那霉素、诺氟沙星、乳酸环丙沙星、黄连素、穿心莲肌注,防止肠道菌继发感染。对拒食的可静注5%葡萄糖溶液150～200毫升,1天1次。脱水时可静脉输入复方氯化钠溶液100～200毫升。为防止心肌炎可用三磷酸腺苷(ATP)及辅酶A。每年1月份和7月份进行2次预防接种水貂病毒性肠炎疫苗,可较好地控制本病。

4. 巴氏杆菌病

〔病原及流行病学〕 貉巴氏杆菌病又称出血性败血症,其病原为禽型多杀性巴氏杆菌。本菌存在于健康动物的呼吸道中,当营养不良或饲养条件差时,机体抵抗能力下降,可诱发本病。

本病主要传染源是饲喂带有巴氏杆菌的动物性饲料,以及饲喂被病原污染的饲料和饮水。当由饲料经消化道感染时,常突然发病,并很快波及全群。有时本病也经呼吸道、皮肤粘膜感染。

〔症 状〕 本病潜伏期3～5天,一般多呈急性经过,病死率很高。

①急性型 多表现为无任何症状突然死亡。病程1～2天的病例,主要是病初精神沉郁,卧于小室内,不喜活动,被毛焦燥无光泽,体温升高,食欲减退或废绝。鼻镜干燥,呼吸困难、频数,喜饮凉水,少数病貉腹泻,有时头颈发生水肿,后期运步不灵活,常呈痉挛性抽搐而死亡。

②慢性型 病程1周左右。病初精神不振,食欲减退,体温升高,眼球塌陷,迅速消瘦,被毛蓬乱,饮欲增强,腹泻,稀便恶臭并混有血液和粘液。心跳加快,呼吸音增强。常发生大叶性肺炎症状,呼吸困难,气喘。最后食欲废绝,运步蹒跚,共济失调,卧地不起,全身痉挛、麻痹衰竭而死亡。

〔病理剖检〕 急性死亡的貉,营养良好,尸僵不全。口腔粘膜有瘀血斑;胸膜出血,有浆液性或纤维素性渗出物;气管粘膜充血、出血;肺气肿并有点状出血,切面有气泡流出;肠淋巴结肿大,切面湿润;胃肠粘膜点状出血,大肠呈卡他性炎症变化;脾出血;肝肿大、出血,表面有大小不等的灰白色坏死灶;膀胱积尿,粘膜有出血点。

慢性病例表现营养不良,机体极度消瘦,贫血,各实质器官浆膜、粘膜出血,胃壁变薄并有局限性出血;继发肺炎,肺尖叶、心叶有炎症,个别胸腔有积液,液体呈淡黄色。

〔诊 断〕 根据流行病学、症状和病理变化,可做出初步诊断。确诊必须做生物学试验或细菌学检查。

〔防 治〕 未发病貉或患病早期,应用抗生素和磺胺类药物能收到较好的预防和治疗效果。青霉素40万单位肌注,1天2次;土霉素片口服,1天1次,1次0.3～0.4克;复方新诺明口服,1天2次,1次0.5～0.7克,首次量要增加。5～7天为一疗程。对本病的特效疗法是使用多价高免血清。一般皮下注射20毫升左右,幼貉减半,病初效果显著。对心衰和食欲不良的病貉,可皮下注射10%葡萄糖溶液加维生素C等药物对症治疗。亦可用貉巴氏杆菌多价疫苗紧急接种,隔离治疗。

预防本病的措施主要是每年进行2次巴氏杆菌菌苗接种(中国农业科学院特产研究所可提供),加强兽医卫生管理和饲养管理,尤其是在本病流行季节,更要注意环境和用具卫生以及饲料和饮水的清洁,秋冬交替时做好防寒工作。应严格检查饲料,特别是动物尸体及副产品饲料,禁喂污染饲料,可疑饲料应煮熟后再喂。貂场要定期消毒,防止其他易感动物进入。

5. 大肠杆菌病

〔病原及流行病学〕 貂大肠杆菌病病原为大肠艾希氏杆菌,简称为大肠杆菌。本菌为中等大杆菌,抵抗力不强,对一般消毒药如漂白粉、来苏儿均很敏感,对热也较敏感,55℃1小时、60℃ 20分钟即可将其杀死。

所有恒温动物都可发生本病。带菌动物是本病的主要传染源。带菌动物通过分泌物、排泄物等将病原排出体外,污染饲料、饮水、环境等,健康貂通过消化道和皮肤粘膜创伤处感染本病。本病也常自发感染,在正常情况下,貂肠道内即有大肠杆菌存在,当机体抵抗力低下、肠道菌群失调时,大肠杆菌迅速繁殖,并有可能破坏肠粘膜,进入肠道以外器官,引起腹膜炎、膀胱炎、胆囊炎等,严重的则发生败血症。本病常见于幼貂,春秋季节多发。

〔症 状〕 本病潜伏期1～10天。幼貂发病早期常表现不安,后精神沉郁,不喜活动,被毛蓬乱,生长缓慢。肛门附近被毛遭受粪便污染严重。轻按腹部,常从肛门中排出粘稠度不均匀的液状粪便,其颜色为黄绿色、绿色、褐色或淡黄白色。许多病例的粪便中含有未消化的凝乳块或混有血液、气泡和粘液。年龄较大的貂,患病后症状发展较缓慢,食欲减退,逐渐消瘦,活动减少,持续性腹泻,粪便颜色为黄色、灰白色或暗灰色,常伴有块状粘液。严重病例排便失禁,病貂虚弱,眼窝下陷,步态不稳。妊娠母貂可能发生流产或产死胎。

〔病理剖检〕 貂体消瘦,心包积液,心内膜有点状或条状出血，心肌呈淡红色；肺常有暗红色水肿区，切面流出含血液的泡沫样液体；肝瘀血肿大，有时有出血点；脾、肾肿大、出血；胃肠道粘膜有卡他性炎症或出血性炎症变化，肠管内常有粘稠的黄绿色或黄白色液体，肠壁变薄，肠系膜淋巴结肿大、充血或出血。

〔诊　　断〕　根据流行病学、症状、病理变化可做出初步诊断。确诊需进行血清学诊断、动物试验、细菌分离培养或涂片镜检。取心血及实质脏器涂片，革兰氏染色为阴性，美蓝染色常两极浓染。

〔防　　治〕　大肠杆菌的免疫血清和抗大肠杆菌内毒素的抗体，均可用于本病的治疗，但成本过高。常用磺胺类药物或抗生素药物治疗，效果较好。但大肠杆菌对抗菌药物易产生耐药性，故治疗时最好做药敏试验或几种抗菌药联合应用。因此，大肠杆菌的药物治疗一定要正确选择和搭配，才能收到良好效果。新霉素口服，1天2次，1次20毫克左右；喹乙醇或磺胺脒、胃蛋白酶、乳酶生、次硝酸铋酌量投给亦有治疗作用。

预防本病主要是加强饲养管理，喂给营养全价、新鲜易消化的饲料，以提高机体的抗病力。在哺乳期、配种期、妊娠期的日粮中，加入适量促生长的抗生素类添加剂，可增强抗病力。

母貉配种前15～20天，仔貉30日龄时，可接种大肠杆菌多价甲醛菌苗。

6. 沙门氏菌病

〔病原及流行病学〕　貉沙门氏菌病的病原是肠道杆菌科中沙门氏属的细菌。

本病的主要传染源是发病和带菌动物。病菌也可由粪便、尿、流产胎儿、胎衣、羊水等途径排出体外。健康貉吃了被沙门氏菌污染的饲料或饮水经消化道感染，也可经呼吸道、生殖道感染。健康带菌貉在机体抵抗力低下时,也容易暴发本病,且病死率较高。本病具有明显的季节性,多发生在每年6～8月份,呈地方性流行。1～2月龄仔貉最易感。

〔症　　状〕　自然感染时潜伏期为3～20天。急性病例病初表现兴奋,不久精神沉郁,食欲废绝,喜卧,多藏于小室内,走动时拱背,时有呕吐,常发生腹泻,体温升高至41℃～42℃,最后在昏迷状态下死亡。一般病程为5～10小时,也可能延长至2～3天。亚急性型主要表现为胃肠功能高度紊乱,病貉食欲废绝,腹泻、呕吐、排水样便,精神沉郁,呼吸浅表、频数,被毛蓬乱,眼球下陷,结膜发炎,四肢软弱无力,特别是后肢,站立时后肢支撑不良,后期后肢出现不全麻痹。在高度衰弱的情况下,经7～14天死亡。慢性病例食欲减退,腹泻,粪便中常见有粘液,渐行性消瘦,贫血,眼球下陷,出现化脓性结膜炎,被毛松乱无光,不愿走动,行走时步态不稳,经3～4周高度衰竭而死亡。如在配种期或妊娠期发生本病,母貉出现空怀或流产。哺乳期仔貉患病,表现为虚弱,不活动,吮乳无力。仔貉在窝内不抱团,呻吟或鸣叫,常打哈欠,生长发育不良,多在2～3天死亡。

〔病理剖检〕　主要表现为粘膜或全身有明显的黄疸症状,肝脏肿大,颜色不均匀,切面多汁外翻,胆囊增大,内充满粘稠的胆汁。多数病例脾脏高度肿胀,呈暗红色。纵膈、肝门和肠系膜淋巴结显著肿大,触摸柔软,呈灰色或灰红色,切面多汁。肾脏稍肿大。胃内空虚,粘膜肿胀变厚或有溃疡。

〔诊　　断〕　根据流行病学、症状和病理剖检变化可做出初步诊断。最后确诊需进行血清学检查、细菌分离培养、生化鉴定或镜检。

〔防　　治〕　杜绝传染源,加强卫生消毒措施和严格执行隔离淘汰制度。引种时应严格检疫。为防止本病发生,还应当在饲料中添加抗生素类药物,如新霉素、螺旋霉素等。新霉素口服,每次20万单位,1天2次;四环素口服,每次0.2~0.4克,1天2次,5~7天为一疗程。对可疑被沙门氏菌污染的饲料要煮熟后饲喂。特异性预防措施是接种多价甲醛菌苗,30~35日龄时隔5天皮下接种2次,剂量为1~2毫升,免疫期达7~8个月。母貉可经乳汁将抗体传递给仔貉。

7. 加德纳氏菌病

〔病原及流行病学〕 病原系狐阴道加德纳氏菌,广泛传播于食肉性毛皮兽(水貂、狐、貉),人兽共患。

〔症 状〕 病菌主要侵害泌尿生殖系统,造成炎症,虽对动物的生命影响不大,但对繁殖影响极大。公貉排血尿,交配能力降低;母貉则多在妊娠早期发生子宫内膜炎和流产。

〔诊 断〕 根据种貉血尿和繁殖力低,特别是母貉妊娠早期胎儿流产可怀疑为本病。确诊需采用血清学特异性诊断方法(中国农业科学院特产研究所可提供诊断液)。

〔防 治〕 利用血清学特异诊断方法检测貉群,检测出的阴性貉立即接种加德纳氏菌病菌苗;检测出的阳性貉经12~15天的抗生素内服。治疗后,再间隔一定时间接种疫苗。疫苗的免疫时间为半年(中国农业科学院特产研究所可供应疫苗)。治疗用氨苄青霉素内服,3~5天为一疗程,可完全将体内病菌杀死。

8. 结核病

〔病原及流行病学〕 病原为结核分枝杆菌,抗酸性染色呈阳性。

污染了结核菌的肉类饲料和乳品是主要的传染来源。本菌可经消化道、呼吸道侵入体内。结核杆菌侵入机体后,寄生于细胞内,易被吞噬细胞吞噬或被带入局部的淋巴结和组织,并在侵入部位形成原发性病灶,细菌被滞留在该处形成结核结节。机体抵抗力强,结核菌可长期或终生不扩散,局限于原发部位。如果机体抵抗力弱,细菌经淋巴管向其他淋巴结扩散,形成继发病灶。或进入血流,散布全身,引起其他组织器官或全身性结核病变。

本病为人兽共患的慢性消耗性传染病,貉幼龄期易感。本病无季节性,一年四季都可发生,貉多见于夏秋两季,尤其是密集饲养、粪便堆积、饲料不全价、有寄生虫寄生时更易引起本病。

〔症　状〕　潜伏期长短不一,短者十几天,长者数月至数年。病貉发育停滞,消瘦,被毛逆立、蓬乱,粗糙无光泽。有的病貉咳嗽,有的病貉体表淋巴结肿大,特别是颈部浅表淋巴结溃烂,创面被毛互相粘结,污秽不洁。可视粘膜苍白,病貉倦怠,不活动,不发情,不易受孕,发育落后,皮张质量下降。多于秋末冬初死亡。

〔病理剖检〕　尸僵完整,可视粘膜苍白,消瘦。病变多发生于肺部,在肺表面及组织深部,肉眼可见豌豆大或黄豆大散在的钙化或未钙化的结节,切面有浓稠凝块或灰黄色脓样物,结节附近肺组织表现浸润性坏死或出血性炎症。有的侵害气管和支气管,形成空洞。胸腔有化脓性渗出性胸膜炎。纵膈淋巴结肿大,切面呈干酪样。扁桃体与颌下淋巴结、肠系膜淋巴结明显肿大,肠系膜、大网膜上有大小不等的圆形结节,切面呈干酪样。心脏冠状沟部及肾脏周围无脂肪蓄积。

〔诊　断〕　当貉群发生原因不明的渐进性消瘦、咳嗽、呼吸异常、慢性乳腺炎、顽固性腹泻、体表淋巴结慢性肿胀等症状时,可作为疑似本病的依据。确诊须根据尸体剖检的特异性结核病变和微生物学检查结果。

〔防　治〕　主要是采取综合性防疫措施,杜绝可能带入结核菌的各种途径。隔离、净化感染的貉群,可维持到取皮期全部淘汰。对极个别优良种貉,可进行药物治疗。常用药物有链霉素、异烟肼(雷米封)、对氨基水杨酸钠、利福平等。

严防人与貉之间互相传染,饲养人员要定期检查身体,结核病人不能养貉。貉场应用20%生石灰乳或20%漂白粉等定期消毒。

9. 破伤风

〔病原及流行病学〕　病原体是破伤风梭菌,为革兰氏染色阳性厌氧菌,能运动,能形成芽孢,无荚膜。破伤风梭菌的芽孢广泛存在于自然界中,尤其是患病区的土壤、饲草、饲料、粪便以及被病貉污染的垫草中均含有。主要经动物创伤感染,当侵入创口小而创伤深、创口被污染物或结痂封闭时,创腔内为乏氧状态,芽孢转变为繁殖体,开始生长繁殖,在生长过程中产生强毒外毒素,作用于神经末梢,被吸收后沿神经纤维到达中枢神经系统,使貉发病,产生一系列神经症状。

〔症　状〕　潜伏期一般7～21天。主要症状是病貉对外界刺激的反应性增高,全身骨骼肌发生强直性痉挛。病初精神沉郁,运动障碍,四肢弯曲,有食欲但采食咀嚼困难,张口、吞咽也困难,常把嘴插入食盆中而不能进食。流涎,鼻孔扩张,背肌坚硬,尾根高举或偏向一侧,不能自如活动,惧怕声响。当受到突然刺激时,表现惊恐不安,呼吸浅表,心悸亢进,节律不齐,排粪迟滞。体温正常。

〔病理剖检〕　内脏无明显变化,粘膜、浆膜可能有出血点,四肢和躯干肌间结缔组织呈浆液性浸润,肺充血、水肿或有异物性肺炎症状。

〔诊　断〕　破伤风病貉的症状比较特殊和明显,根据肌肉的强直和痉挛,反射兴奋性增高,体温和食欲正常,便可确诊。对经过较慢的和发病轻的病例,要注意与急性肌肉风湿病加以区别。其不同点是:肌肉风湿病的体温升高,兴奋性不高,触诊患病部位有痛感。

〔防　治〕　预防本病的主要措施是减少或杜绝外伤,一旦发生创伤,要及时处理创面,彻底消毒,破坏其厌氧环境。对临产母貉,产前要进行产箱内壁火焰消毒,保温所用的垫草,也一定要用非疫区的洁净干草或用碱水洗涤、暴晒、晾干后再用。养貉场要定期给貉预防接种,即可杜绝本病发生。

感染本病康复后,可获得较强的免疫力。应用抗破伤风血清和类毒素可有效地治疗和预防本病。病初除扩创切除坏死组织、消毒外,可用青霉素以消灭病原;为中和毒素,可皮下注射抗破伤风血清;为解痉镇静可肌内注射氯丙嗪。病后期由于饮食困难,造成体质消瘦、营养不良,需补糖补液。此外,要加强对患貉的护理,将病貉放在阴暗、避光的圈舍内或笼内,减少人员接触,保持环境安静,精心饲养。对饮食困难的,可人工灌喂牛奶、豆浆或稀粥,使病貉增强抗病能力。

10. 貉自咬症

〔病　原〕　自咬症的原因目前仍不清楚。试验证实患自咬症貉体内有些微量元素与健康貉比较差异明显,但在饲料中补充了缺乏的微量元素,病貉未得到治愈。一些国内学者认为自咬是由动物性蛋白质、脂肪供给量不足或比例失调造成的营养代谢性疾病,在2个不同营养标准饲养下都患有自咬症;很可能是多种应激因素导致神经功能紊乱而引起的,与貉的神经类型有关,神经质类型发病率高。尚未证实自咬症具有传染性;但有人认为本病具有遗传性。

〔防　治〕　对自咬症的治疗还没有特异疗法。人们在生产实践中摸索出了一些可行的护理措施,具有缓解症状作用,有的个体甚至能够治愈。①转移到安静环境中饲养,减少干扰和应激刺激。②结伴饲养,即2只自咬貂放于一笼中,以减轻其孤僻感。③仔貂断乳后单笼饲养的日期尽可能地往后拖延。④给自咬貂笼中放一圆木棍,让貂发作时啃咬。⑤截断门齿及犬齿或戴脖套,使其发作时咬不到患部,可保护皮肤已伤区域不再被侵害。但对自咬症无治疗作用。⑥将盐酸氯丙嗪0.25克、乳酸钙0.5克、复合维生素B 0.1克研碎混匀,分成2份混入饲料中喂给,每天2次,每次1份。用其他镇静药亦有效。⑦咬伤部位可用双氧水清洗后涂以碘酊(夏季有蚊蝇季节可涂0.1%敌百虫软膏)。⑧盐酸氯丙嗪0.5毫升、维生素B_1 1毫升、青霉素40万单位、烟酰胺0.5毫升分点肌内注射。⑨使用洋金花、地塞米松、扑尔敏、维生素C和维生素B_1综合治疗有效。

上述方法对自咬症的治疗效果都不十分明显,但针对发作原因,根据具体情况采取相应的护理措施,杜绝诱发原因,会收到较理想的效果。

11. 附红细胞体病(红皮病)

〔病原及流行病学〕　本病的病原为附红细胞体,由体外寄生虫、吸血昆虫、蚊、蝇等吮咬,经血液感染传播。多呈隐性经过,当动物受到某些应激因素影响导致机体抵抗力下降时,病原体即能在血液中大量繁殖,产生脂多糖可引起红细胞溶解,破坏红细胞功能,使末梢血管通透性增强,血液易渗出,出现皮肤发红,血压下降,故又称为红皮病。

〔症　状〕　临床上表现高热,食欲渐进性减退,呼吸困难,咳嗽,流清涕及结膜苍白黄染,皮肤发红,排血便,最终休克死亡。

〔诊　　断〕　生前确诊较困难,根据流行病学、临床症状和病理解剖都难确诊,所以必须进行镜检血液中的附红细胞体是否存在来确诊。

活体检查可静脉采血或断趾采血,死亡貉可采心血进行镜检。将 1 滴血滴在载玻片上,加等量的生理盐水,用牙签混匀,加上盖玻片,于油镜下观察。附红细胞体呈环形或圆形,附着在红细胞表面,或游离于血浆中。红细胞失去固有形态,其表面附着数量不等的附红细胞体,许多红细胞边缘不整而呈轮状、星状及不规则的多边形状等。游离在血浆中的附红细胞体呈不断变化的星状闪光小体,在血浆中不断地翻滚和摆动。

血涂片以姬姆萨氏液染色镜检,可见红细胞上的附红细胞体呈蓝紫色,有折光性,外围有白环,其大小不一,直径在 0.25～0.75 微米,每个红细胞上附着的附红细胞体的数目不等,有几个的,也有十几个的,多的可达 20 多个。

当确定貉血液中存在附红细胞体数量较多时,便可确诊。

〔防　　治〕　本病在夏秋季节发病率高,除独立发生外,还继发于某些传染病。一般抗生素类药物对治疗本病无效,如青霉素对本病没有治疗作用。磺胺类药物能促进病原体繁殖,越治越重。在饲料中每天添加 0.05 毫克苯胺亚砷酸可能有效。金霉素、四环素、土霉素有抑制立克次氏体繁殖作用,有治疗效果。如结合使用维生素 B_{12}、维生素 B_6、维生素 C 进行辅助治疗,效果会更好。一般经 4～5 天即可治愈。另外用贝尼尔、多拉菌素(通灭)、阿维菌素治疗也有效。

12. 旋毛虫病

〔病　　原〕　旋毛虫是一种很细小的线虫,成虫寄生在宿主的小肠里,幼虫寄生在同一宿主的肌肉中,蜷曲于肌纤维之间形成包囊,呈梭形黄白色小结节。旋毛虫对外界不良因素具有较强的抵抗力,对低温有更强的耐受力,0℃时可保持57天不死,但高温可杀死肌肉内旋毛虫,一般70℃可杀死包囊内旋毛虫。如果煮沸或高温时间不够,肉煮不透,肌肉深层温度达不到致死温度,包囊内虫体仍可存活。

〔症　状〕　由于寄生于小肠里的成虫吸取营养,分泌毒素,使貉机体消瘦,食欲下降,消化不良,表现呕吐、腹泻。寄生在肌肉里的幼虫,排出代谢产物或毒素,刺激肌肉产生疼痛,使动物不喜活动或呼吸短促,最后由于毒素的刺激及营养不良,抗病能力下降,遇外界环境变化时可出现死亡,或丧失种用价值。

〔病理剖检〕　尸体消瘦,皮下无脂肪沉积,皮下筋膜和肌肉内有粟粒大白色小结节。压片低倍镜下检查可观察到虫体,呈盘香状蜷曲。肌细胞变性、萎缩,肌纤维膜增厚等。小肠粘膜充血或出血。

〔诊　断〕　生前诊断较困难,现采用凝集、沉淀、补体结合等血清学方法诊断。死后可根据剖检变化以及压片检查查到虫体而确诊。

〔防　治〕　加强饲料卫生检查,可疑肉类一定要切成小块,经高温煮沸处理,彻底杀死虫体后再喂。

13. 蛔虫病

〔病　原〕　蛔虫是各种经济动物中广泛存在的大线虫,主要危害幼龄动物。雄虫体长10厘米,雌虫长达18厘米,成虫寄生于肠道,产卵随粪便排出体外。蛔虫卵对干燥、低温、弱酸、弱碱、甲醛等都有很强的抵抗力,只在5％苛性钠溶液中死亡。蛔虫卵经口感染后,在肠内孵出幼虫,幼虫钻进肠壁毛细血管,随门脉血管入肝脏,经后腔静脉血流到右心,再经肺动脉到肺部毛细血管,然后进入肺泡。幼虫在肺内发育,通过咳嗽回到口腔,再被吞咽进入小肠,最后在小肠内发育成成虫。

〔症　状〕　仔貉患蛔虫病时,主要表现精神紊乱,呕吐,腹泻或便秘,食欲不振,消瘦贫血,腹部膨大,发育迟缓。

〔病理剖检〕　肠粘膜有缺损、贫血、溃疡及卡他性炎症反应,严重的虫体阻塞肠管,引起肠瘀血、破裂及腹膜炎等;胆管阻塞,黄疸,肝、肺可形成寄生虫结节、钙化及结缔组织增生等现象。

〔诊　断〕　根据症状表现,可作为疑似蛔虫病,如发现粪便中有蛔虫或检查粪便发现蛔虫卵可确诊。

〔防　治〕　对全群仔貉进行粪便检查,如发现蛔虫卵应及时驱虫。一般在每年的1月份和8月份各驱虫1次,药物可选用口服驱蛔灵,每千克体重100毫克;左旋咪唑每千克体重10毫克;速效肠虫净1片;颈部皮下注射阿维菌素,每千克体重0.02毫升。1周后检查驱虫效果,必要时进行第二次驱虫。笼舍内保持卫生,粪便集中进行生物发酵处理,以防虫卵扩散。笼网及小室应用火焰消毒,笼舍架离地面。药物治疗可用驱蛔灵、噻苯唑、丙硫咪唑、肠虫清等。

14. 绦虫病

〔病　原〕　绦虫寄生于小肠内,种类多,虫体由许多节片组成,节片呈片状或瓜子状。绦虫成熟的节片脱落排出体外,散布虫卵,污染环境,造成本病的扩大传播。绦虫卵对外界环境抵抗力很强,潮湿处可生存很长时间。阳光直射、热苛性钠溶液和石炭酸溶液能将其杀死。

〔症　状〕　病貉一般不呈现明显的症状,但可见病貉严重消瘦,呕吐,贫血,被毛粗乱,四肢麻痹,有时痉挛。毒素侵害神经系统后,常发生抽搐、惊厥。

〔病理剖检〕 大量绦虫寄生时,肠粘膜有损伤性炎症,虫体聚成团堵塞肠管,甚至发生肠破裂。尸体严重消瘦,贫血,器官萎缩。

〔诊　断〕 笼壁上有绦虫节片、粪便检查中发现绦虫,或尸体剖检在小肠内发现虫体,便可确诊。

〔防　治〕 不用未经无害化处理的非正常肉类如囊虫猪肉(也叫痘猪肉)饲喂貉。绦虫病流行地区捕捞的鱼类应煮熟后喂。该病可以治疗,其方法如下。

先停食16～18小时,然后用槟榔3～5克,加50毫升水制成煎剂,早饲前给貉内服;或停食12小时后用南瓜子200～250克,捣碎混在少量肉类饲料中投喂;用砷酸锡、砷酸铅、砷酸钙、砷酸铜等驱虫效果良好,用量按每千克体重0.04～0.06克,装入胶囊,停食16小时以上再投服,然后给泻药;口服氢溴酸槟榔碱粉,每千克体重0.01克,为预防呕吐时,可用奴夫卡因溶液将氢溴酸槟榔碱溶解后内服;静注黄色素亦可。

15. 肠吸虫病

〔病　原〕 肠吸虫病病原体为有角吸虫。虫体小型,灰白色,虫体分为前体和后体2部分,寄生于貉小肠内。该虫在吉林省已多次发现。

有角吸虫发育需2个中间宿主,第一个为扁卷螺,第二个为两栖动物。贮藏宿主有两栖类、爬虫类、禽类和哺乳类,貉食入含有囊蚴的第二中间宿主或贮藏宿主而感染。

〔症　状〕 大量感染时,貉表现消化不良、腹泻。长期感染时,表现为贫血、消瘦。

〔诊　断〕 用水洗沉淀法可发现虫卵。虫卵为金黄色、长椭圆形,卵壳薄,一端有卵盖,卵内含有一圆形卵细胞和多个卵黄细胞。

〔防　治〕　加强饲养管理,及时清扫粪便并做发酵处理;不用生的两栖类动物性饲料喂貉;定期检查粪便,发现病貉及时治疗。治疗药物可用丙硫咪唑,内服一次按每千克体重5~20毫克,其他药物如吡喹酮、硫双二氯酚等,可试用。

16. 貉毛虱病

〔病　原〕　貉毛虱体小、扁平、无翅,呈黄白色或灰白色,以貉毛、表皮鳞屑为食,有时也吞食貉皮肤损伤处流出的血液和渗出物,是一种接触性传播的体外寄生虫。由于运输或密集饲养而造成传染扩散。接触被污染的垫草和用具也可造成传染。

〔症　状〕　一般患貉表现躁动不安,呈犬坐姿势,用后爪挠背部或啃咬胸腹部、掌部及腕部。被毛粗乱,针绒毛断秃形成面积不等的残缺,多发生在颈后、肩前、胸腹侧、掌背腕前。轻者患貉无明显异常现象,食欲、精神状态正常。严重的患貉除局部被毛缺损外,全身性营养不良,消瘦,被毛蓬乱、脱落,不愿活动。局部变化多在冬季见到,皮肤部分脱毛,影响皮张质量,毛皮失去利用价值。

〔诊　断〕　检查被毛缺损处毛丛,可发现黄白色皮屑样小昆虫爬行,显微镜检查可确诊。

〔防　治〕　用0.5%~1%敌百虫溶液或5%溴氰菊酯乳油0.005%~0.008%溶液药浴,要在夏季或温暖的室内进行。药浴时要使貉体全部浸入药水中,口鼻露出水面,以防误咽中毒。冬季用20%蝇毒磷粉25克,加白陶土975克配成药粉,用纱布袋往貉全身毛丛中撒布,1周后重复用药1次。

17. 螨病

〔病　原〕　貉螨病是节肢动物螨类寄生于体表皮肤的外

寄生虫病。以接触传染为主。

〔症　状〕　以各种类型的皮肤炎、脱毛、上皮角化增厚为主要特征。貉患螨病多先起于头部、口、鼻、眼、耳、胸部，后遍及全身。皮肤发红，有疹状小结节，皮下组织增厚，奇痒。患貉挠抓患部，被毛脱落，于皮肤秃毛部出现出血性抓伤。患部皮肤有皱褶或形成痂皮。严重病例，身体消瘦，贫血。螨虫寄生于貉耳孔内，称耳螨病。

〔诊　断〕　根据皮肤特征性变化可做出初步诊断。在患部皮肤和健康皮肤交界处，涂少许甘油，用刀刮至皮肤充血或出血，取刮取物在10%苛性钾或苛性钠溶液中处理3～5分钟，取悬液涂片，用低倍显微镜检查可见到螨虫，据此确诊。

〔防　治〕　轻者患部涂擦1%～2%敌百虫水溶液，或涂5%碘酊1～2次。还可用50%辛硫磷乳油0.1毫升加100克凡士林调成膏剂涂擦患部。用1%克辽林水乳剂洗浴，注意防止药液进入眼、口、鼻、耳等器官。重者可用阿维菌素治疗，按每千克体重0.02毫升颈部皮下注射，隔7天1次，可连用3次。还可用美国辉瑞公司生产的多拉菌素（通灭）治疗，毒性小，亦有效。

18. 蚤病

〔病　原〕　蚤是一种无翅吸血昆虫，身体左右扁狭，体外有较厚的角质外骨骼。全身各处有鬃和刺。头小，与胸紧密相连。触角短而粗，口刺善于穿孔和吸血，胸部小，腿粗大，善于跳跃，腹部也大。

〔症　状〕　蚤大量寄生于貉身上时，由于刺咬、吸血，引起貉瘙痒不安和营养消耗。重者消瘦，贫血，毛皮常被脚爪抓伤。

〔防　治〕　要经常清扫小室和地面。小室内可用热碱水冲刷，地面用敌百虫液喷洒。

19. 肉毒梭菌毒素中毒

肉毒梭菌产生的毒素有很强的毒力，能使各种动物致病。貉摄食被肉毒梭菌污染的肉食可引起中毒，潜伏期数小时至10天。症状可分为最急性型、急性型和慢性型。

（1）最急性型　病貉卧地，不能起立，表现为痉挛，昏迷，全身麻痹，经数分钟至十几分钟死亡。中后期病程拖长，数小时至数天死亡，病死率近100%。

（2）急性型　较多见。病貉首先表现动作不协调，行走摇晃，随后出现全身性麻痹。首先是后躯麻痹，站立困难，常侧卧，有的舌脱出口外，下颌麻痹而下垂，吞咽困难，不能采食和饮水，流涎，呼吸困难，脉搏频数而微弱，排粪失禁，腹痛。病貉意识基本正常，体温多无变化，死前体温下降，最后心脏麻痹，窒息而死。

（3）慢性型　舌和喉头轻度麻痹，肌肉松弛无力，步态不稳，容易跌倒，起立困难，肠音减弱，粪便干燥，病程可持续10天左右。

诊断本病可通过调查发病原因和发病过程，观察到的症状，以及尸检无明显变化而做出初步诊断。确诊必须检查饲料和体内有无毒素存在。

本病往往发病急、病程短，来不及治疗。应用同型抗毒血清治疗效果也不大。所以，重点是做好预防工作。多用C型肉毒梭菌疫苗，每次注射1毫升，免疫期3年。此外，还有C型类毒素和病毒性肠炎二联苗、C型类毒素和巴氏杆菌病二联苗、C型类毒素和伪狂犬病二联苗接种预防。

20. 亚硝酸盐中毒

蔬菜类饲料中含有硝酸盐类，当保管或处理不当时，硝酸盐会转化为亚硝酸盐,食后易引起中毒。亚硝酸盐主要毒性反应是将血红蛋白氧化成高铁血红蛋白,失去携带氧的能力,造成动物全身组织缺氧。病貉表现出典型的缺氧症状,呼吸困难,肌肉颤抖,四肢无力,步态不稳,皮肤青色,粘膜发绀,脉搏增数、微弱。此外还表现为流涎,口吐白沫,呕吐,腹泻。个别貉也有不显任何症状而突然死亡的。尸体剖检特征性变化是血液呈黑红色或咖啡色,似酱油样,凝固不良。全身血管扩张,心肌点状出血,胃肠粘膜充血,气管粘膜点状出血,肝脏瘀血肿大。

根据尸体剖检、所见症状及饲料情况分析,可初步诊断该病。特效急救药是美蓝(亚甲蓝)注射液。此外,可用甲苯胺蓝注射液和维生素C注射液。

预防本病要搞好蔬菜类饲料的管理工作。采摘时勿乱扔、乱踏,运输越快越好,堆放时摊开散放,发热变黄的菜叶不能喂貉。此外,煮菜时不要小火焖煮,应当凉后即喂,不能存放过久。

21. 食盐中毒

饲料中加盐过多或调料时搅拌不匀,貉采食的食盐过量,会发生食盐中毒。中毒症状表现为兴奋不安,饮欲旺盛,严重的出现呕吐,从口鼻中流出泡沫样液体,呈急性胃肠炎症状,腹泻,全身虚弱,如不及时抢救,可昏迷死亡。尸体剖检见肌肉暗红色、干燥,胃肠粘膜充血、肥厚,肺、肾、脑血管扩张,个别病例心、肾有点状出血。

治疗食盐中毒首先给予大量饮水,内服牛奶或绿豆水。为维持心脏正常活动,可皮下注射10%～20%樟脑油0.5～1毫升,或皮下注射25%葡萄糖液15～20毫升。给貉凉浓茶叶水自饮,每天1次,100～150毫升。也可采用10%葡萄糖注射液

20～30毫升、0.5%强尔心（或维他康夫）注射液1～2毫升、12.5%维生素C注射液5～10毫升混合后，一次注入腹腔，或静脉滴注，每天1次。兴奋性异常升高时，可静注25%甘露醇，能降低颅内压，同时用氯丙嗪镇静，效果良好。

为预防食盐中毒，日粮中要严格掌握食盐喂量，并保证充足的饮水。用咸鱼、咸肉或鱼粉喂貉时，一定要充分脱盐。向混合饲料中加盐时，一定要搅拌均匀。

22. 鱼毒中毒

鱼类饲料腐败变质后产生组胺，可引起中毒。某些鱼及鱼卵有毒，如繁殖期的青海鲤鱼、台巴鱼、鲭鱼肝脏、鲈鱼卵等能引起貉中毒。中毒症状主要表现为神经功能障碍，呼吸中枢和运动中枢麻痹，行动不稳，后躯瘫痪，精神沉郁，昏迷，呼吸困难，可视粘膜发绀，并有肠炎症状，排黑色血便或血尿，最后呼吸麻痹而死。

发现貉有中毒症状，应立即停喂变质饲料，增喂牛奶、鸡蛋等饲料及饮水。中毒严重时，要强心补液，肌内注射维生素E（醋酸生育酚注射液）1毫升、青霉素20万单位，每天2次。

23. 有机磷杀虫剂中毒

有机磷杀虫剂是一类毒性较强的接触性农药，种类繁多。常见的有对硫磷、内吸磷、甲基对硫磷、三硫磷、甲胺磷、苯胺硫磷、敌敌畏、敌百虫、乙硫磷、乐果、倍硫磷、二嗪农、蝇毒磷等。这类药物引起貉中毒，常见原因是动物误食了喷洒过有机磷杀虫剂的蔬菜和浸过杀虫剂的种子，或饮了被污染的水。有毒物质主要是经消化道吸收，少数由皮肤和呼吸道吸收。

有机磷中毒后的症状，根据中毒量及中毒药物种类的不同而有差异。最主要的表现是乙酰胆碱过量蓄积，造成神经过度兴奋，引起食欲下降，流涎，易出汗，呕吐，腹泻，尿失禁，瞳孔缩小,可视粘膜苍白,呼吸困难,肌肉震颤或抽搐,运动失调,体温升高,最后昏迷死亡。急性死亡病例尸检,胃肠内容物具有有机磷杀虫剂的特殊气味,胃肠粘膜充血、出血或肿胀,肺充血、肿大或有肺水肿。亚急性死亡病例,剖检可见胃肠粘膜呈坏死性肠炎,肠系膜淋巴结肿大、出血,各实质器官变性、坏死,粘膜和浆膜下出血,肺淋巴结肿胀、出血。

目前兽医诊疗上应用的特效解毒药有硫酸阿托品、碘解磷定、氯磷定、双复磷等。

24. 灭鼠灵中毒

灭鼠灵又称华法令,是毒鼠药的一种。能引起毛皮动物的广泛性、致死性出血。

貂因误食混有灭鼠灵毒饵的饲料而中毒。急性中毒,因脑血管、心包、膈肌、胸腔大失血而急性死亡。亚急性中毒,表现为粘膜苍白,呼吸困难,鼻出血和便血。此外,也可表现为巩膜、结膜、眼内出血。严重失血时,动物非常虚弱,心律不齐,关节肿大。病程较长者,可出现黄疸。尸体剖检的主要外观变化是出血,体内各部位,尤其是胸腔、膈肌、皮下、胸膜下、脊髓、胃肠、腹腔等处明显。心肌松弛,肝小叶中心坏死。

治疗处理主要是使动物安静,静脉注射维生素K注射液,或将维生素K注射液5～10毫升溶于5%葡萄糖溶液中,静脉注射。

25. 维生素A缺乏症

饲料中维生素A缺乏或不足,日粮中维生素A受破坏,貂消化器官疾病而影响维生素A的吸收和利用等因素,都可造成貂维生素A缺乏症。

成年貂和仔貂维生素A缺乏症的症状基本相似,其特征性变化是皮肤上皮细胞角化,腺上皮细胞被无分泌作用的扁平上皮细胞所代替。早期症状是,神经功能失调,抽搐,头向后仰,失去平衡。仔貉常发生气管炎和支气管炎,胃肠功能紊乱,出现腹泻,粪便内混有多量的粘液和血液,生长停滞或换牙延迟。成龄貉发情拖延、不孕或妊娠初期发生胚胎吸收,产仔期发生死胎、烂胎、产弱仔。公貉性欲降低,睾丸缩小,精子生成障碍。长期缺乏维生素A,貉消瘦,贫血,被毛粗乱无光泽,患干眼病等。

预防措施是,配种准备期、妊娠期、哺乳期在饲料内添加鱼肝油或维生素A浓缩剂,每天每千克体重250～500单位。当发生缺乏症时,治疗量的维生素A为预防量的5～10倍。

26. 维生素E缺乏症

维生素E是几种具有维生素E活性的生育酚的总称,主要功能是作为一种生物抗氧化剂。维生素E缺乏症的原因,主要是日粮中缺乏;动物性饲料冷藏不好、贮存时间过长,使维生素E破坏;喂给自然烘干的动物性脂肪或长期喂给脂肪含量高的鱼类,如带鱼、鲭鱼,也会使饲料中的维生素E遭受破坏。

维生素E缺乏时,主要表现为繁殖功能受破坏,发生脂肪组织炎。母貉发情期延迟,不孕、空怀,或仔貉精神委靡,身体虚弱,死亡率高。公貉性欲消失,精子生成障碍。貉的营养状况一般尚好。

预防措施是,貉配种、妊娠和哺乳期在日粮中排除有脂肪氧化的可疑饲料,保证给予新鲜、脂肪含量适中的饲料,添加富含维生素E的饲料(如大麦芽)或添加维生素E精制品,每只每天25～50毫克。

27. B族维生素缺乏症

貉维生素B_1缺乏时,经过20～40天,食欲消失,大量剩食,身体衰弱,消瘦,步态不稳,抽搐痉挛,如不及时治疗,则很快出现死亡。剖检见尸体消瘦,心肌松弛,心脏扩张,多伴有出血。胃肠空虚,或肠中有沥青样粪便。肝脂变或破裂,脾萎缩,子宫出血,神经系统有广泛性损伤。

维生素 B_1 缺乏时,主要是神经功能受破坏,表现为步态摇晃,后肢不全麻痹,痉挛甚至昏迷。心脏功能衰弱,全身被毛脱落,仔貉发育不全,肌肉组织松弛,脂溢性皮炎等。

为预防貉维生素 B_1 不足,主要是改善饲养管理,早期发现征候。在繁殖期饲料内补加维生素 B_1 或酵母,淡水鱼要煮熟饲喂,保证充足、新鲜、优质的青饲料。当出现拒食和神经症状时,可应用维生素 B_1 注射剂治疗。

貉缺乏 B 族维生素中其他维生素时,也会引起不同程度的神经功能破坏,生殖功能紊乱,造血功能破坏和代谢功能失调。预防措施是,保护饲料中 B 族维生素不受破坏,繁殖期及幼貉育成期适当补充 B 族维生素精制品,饲料中应常年保证酵母的供给。在饲料中添加维生素 B_2,尤其是日粮中脂肪含量高时,需增加维生素 B_2 的给量。妊娠和哺乳期需加大给量。

28. 维生素 H 缺乏症

主要表现表皮角化,被毛卷曲、脱色及剪毛样外观,换毛季节表现换毛不全和拖延,再生新毛困难,有时咬毛尖或尾尖,患貉空怀率增高,所产仔貉脚掌水肿,被毛变色。

治疗可肌注维生素 H,每次 0.5 毫克,每隔 1 天注射 1 次,至症状消失为止。配种期、妊娠期、育成期在日粮中增加肝和酵母的给量;蛋类必须熟制后再喂;适当补充维生素 H 制剂。

29. 维生素 C 缺乏症

维生素 C 又称抗坏血酸,其缺乏症的特征性变化是,四肢水肿,关节变粗,足垫红肿变厚,也有的患部皮肤紧张,高度潮红,形成溃疡和龟裂。1周龄内仔貉患病常被称为"红爪病"。患病仔貉发出尖叫声,不间断地乱爬,头向后仰,仿佛打哈欠,不能吸吮母乳。尸检主要变化是皮下水肿和黄染,胸腹部常发生广泛性斑状出血。

对发病仔貉可投服3％～5％维生素C溶液,每只每天1毫升,每天分2次用滴管喂给,每次约5～10滴,直到水肿消失为止。也可将维生素C加入饲料中喂给母貉。

预防本病发生,必须给以全价饲料。妊娠后期,日粮中必须排除保存期过长、质量不好的可疑饲料,保证饲料新鲜或补加维生素C精制品,每只每天30～50毫克。

30. 钙、磷代谢障碍

钙、磷代谢障碍又称纤维素性骨营养不良,仔貉患病称佝偻病,是由于饲料中缺乏维生素D,钙、磷不足或钙、磷比例失调引起。幼貉易发,主要特征是成骨过程延迟,骨盐沉积不足,骨质钙化不良,未钙化的骨基质增多,长骨呈现软化变形。成年貉钙、磷缺乏时,主要是溶骨过程加强,已钙化骨基质的骨盐溶解增多,致使骨质逐渐脱钙,骨质疏松和软化,呈现骨质营养不良,表现为软骨症或纤维素性骨营养不良。

主要病因是饲料中钙、磷含量不足或貉处于生长、发育、妊娠、泌乳期,对钙、磷需要量增加;钙、磷吸收障碍或比例不当;饲料中缺乏维生素D,或因肝、肾病变及甲状旁腺素分泌减少;阳光照射不足,使维生素D_3的转化困难,导致钙、磷吸收利用障碍;钙、磷从胃肠道排出过多等。

仔貉佝偻病特征性症状是骨变形。首先是前肢,以后是后肢和躯干骨变形,头容积变大,腿短而细弱、弯曲,病貉跛行,腹部增大、下垂,有的仔貉不能用脚掌走路和站立,而是用肘关节移行。母貉发病时由于髋关节不正常,形成难产,使胎儿死亡数增加。

治疗可肌内注射维丁胶性钙,或补给维生素D,每只每天500～1 000单位,持续2周,以后转为预防量,每千克体重100单位。同时,日粮中投以鲜碎骨和骨粉等富含钙、磷的饲料,也可补喂磷酸钙片。

31. 白肌病

饲料中缺少微量元素硒和维生素E,加之日粮中供给大量的不饱和脂肪酸,从而引起肌肉营养不良、变性和坏死。

病初无明显症状,常被忽视。数十日后,出现食欲减退或废绝,精神沉郁,喜卧,后肢僵硬不灵活,腰背拱起,行走困难。强迫行走时,两前肢跪行,后肢拖地、匍匐前行,有时呈犬坐姿势。由于长时间营养不良,全身衰弱,最后衰竭死亡。本病多发生在幼貉迅速生长期。骨骼肌和心肌有特殊性变化,骨骼肌干燥、混浊,切面粗糙不平,有坏死灶,呈淡黄色或白色,臀部后肢肌肉表现明显萎缩。心脏脂肪减少,色泽变淡、混浊,缺乏光泽,心室扩张,心壁变薄、柔软。

治疗首先应补硒,用生理盐水配成浓度0.1%亚硒酸钠溶液肌注。由于亚硒酸钠的治疗量与中毒量很接近,因此,使用时应特别慎重。5月龄以下的貉,治疗量为肌内注射1.1毫升,口服1.5毫升;预防量为肌内注射0.5毫升,口服1.1毫升。5月龄以上的貉,治疗量为肌注1.5毫升,口服2毫升;预防量为肌注1毫升,口服1.5毫升。在用硒的同时,每只每天肌内或皮下注射醋酸生育酚注射液(含量5～10毫克),可取得更好的效果。

32. 感冒与肺炎

貉的肺炎多由肺炎球菌、链球菌、葡萄球菌等引起。寒冷、潮湿、环境不洁等因素可诱发感冒,处理不当会引发肺炎。此外,药物误咽、咽喉疾病及有害气体刺激等均可能引起各种类型的肺炎,如大叶性肺炎、小叶性肺炎、支气管肺炎、胸膜肺炎等。病貉主要表现为精神沉郁,鼻镜干燥、龟裂,可视粘膜潮红或发绀。体温升高1℃～2℃,呼吸困难、浅表,咳嗽,流鼻液。病程8～15天,如治疗不及时,病死率很高,尤其是仔貉。急性死亡的貉,尸体剖检可见营养状态良好,口角有分泌物,肺充血、出血,以尖叶为重,肺切面暗红色,有血液流出;心脏扩张,心腔内有多量血液;支气管粘膜充血、肿胀,内有泡沫样液体。

诊断该病,对成年貉主要根据症状,对仔貉往往需借助尸体剖检。

应用抗生素及时治疗有良好效果,但应注意促进食欲,保护心脏,所以常与维生素合用。同时应用解热镇痛药,疗效更好。常用的抗生素为青霉素、链霉素、庆大霉素或土霉素口服或肌注。

33. 尿湿症

多发生在断乳后1个月内的幼貉。病貉尿频,会阴部、腹部及后肢内侧被毛浸湿、粘结、皮肤湿疹或肿胀。其病因可能与幼貉代谢功能不全有关。饲料品质不好,缺乏维生素,氯化胆碱缺乏可诱发本病。轻微病例不治可自愈,严重时需用双氧水清洗尿湿部位,肌注维生素C、维生素E和抗生素类药物。肌注青霉素或链霉素,每次40万单位,1天2次,同时可口服阿莫仙,每次2粒,1天1次。还可内服乌洛托品或氯化铵,若有结石可用硫酸镁或克尿塞治疗。

34. 癞皮症

又称尼克酸(维生素PP)缺乏症。为幼貉常发病,表现为身体少毛部位的皮肤龟裂、结痂、破溃、出血或化脓等。治疗可内服维生素C和复合维生素B。患处涂消炎药膏,也可用水杨酸0.2克、冰片0.1克、70%酒精10毫升,制成混合药剂涂擦患部。对种貉和幼貉日粮中增加尼克酸的给量可起到预防作用。

35. 食毛症

又叫秃毛症,可能是由于饲料中缺乏某种营养物质,如微量元素或含硫氨基酸等缺乏或不平衡引起的代谢紊乱、恶癖或神经功能障碍等。主要症状是病貉将被毛的尖部吃掉,针毛秃尖,绒毛变短。多发生在尾、颈、臀及体侧等部位的被毛,似毛绒被剪过一样。虽然对繁殖影响不大,但发生本病后毛皮失去使用价值。应仔细找出发病原因,有针对性地采取防治措施。可在饲料中添加微量元素铜、钴、硫、锌、铁、锰等制剂,还有石膏粉、羽毛粉、骨粉以及含硫氨基酸(胱氨酸、蛋氨酸)等预防,即在日粮中增加饲料添加剂的给量,在冬毛生长期尤为重要。

36. 白鼻子、长趾甲、干腿症

〔病　因〕　病因尚不十分明确。据调查分析发现,这种病症多数是由于营养代谢失衡而引起的综合性营养代谢障碍疾病,或是因某些维生素和微量元素供给不足或不平衡引起的营养缺乏症。另外,还有感染皮霉菌类中的真菌引起的。由于不正确地大剂量或是经常使用抗菌药物,破坏了消化道中的微生物体系,使酶制剂和生长因子的种类和数量大量减少,干扰了正常的消化和吸收,导致维生素和微量元素不能充分地吸收和利用,出现缺乏症,间接引发本症。

〔症　状〕

①表现在鼻端无毛处(鼻镜)　由原来的黑色或褐色逐渐出现红点,红点增多变成红斑,再后变成白点,最后整个鼻端全白,俗称"白鼻子"。

②表现在脚垫部位　脚垫发白、增厚、开裂、疼痛,站立困难,个别发生溃疡。

③表现在趾爪部位　趾甲很长并弯曲,爪趾发干无润滑感,呈深红或暗红色,影响站立。

④表现在四肢部位　肌肉干瘪,紧贴骨骼,肌肉萎缩,发育不良,直立困难。肢部被毛短而稀少,皮肤出现大量皮屑,不断脱落,被毛干燥易断,粗糙没有光泽。

⑤表现在被毛和皮肤方面　病貉将被毛的尖部咬断、吃掉,针毛秃尖,绒毛变短,颜色变浅淡,一块一块地脱落,多发生在尾、颈、臀及体侧等部位,似毛绒被剪过一样,出现所谓的"秃毛症"或"食毛症",有脂溢性皮炎症状,严重的有皮肤溃疡现象。

⑥表现在繁殖方面　常因发情表现不明显而漏配;配后腹围增大,到妊娠中后期又缩回,出现胚胎被吸收、流产、死胎、烂胎等妊娠中断现象;产出的仔貉出现皮肤不是正常的黑灰色,而是较淡的灰白色、粉白色或粉红色,生命力很差,常在3~5日龄时陆续死亡。

⑦表现在生长发育方面　仔貉开始生长发育正常,到冬毛生长期前生长停滞,甚至出现渐进性消瘦,一天比一天小,严重时营养不良而死亡。

〔防　治〕　在严格按照科学饲养技术操作,饲喂营养全面、品种齐全、品质新鲜、比例适当的饲料时,本病就不会发生。治疗可以从分析发病原因着手,调整饲料品种结构及合理搭配,缺什么补什么;从调理胃肠功能,提高消化率方面考虑,可内服乳酶生片或酵母片,每次喂食时加2片即可;还可肌内注射复合维生素B注射液,每次2毫升,连续注射1周即可。如感染皮霉菌类中的真菌时,可于患部涂擦2%碘酊或碘甘油,每天1次,连涂3天;也可口服灰黄霉素或外用制霉菌素治疗。

37. 口 炎

常由于口腔粘膜的机械性损伤、药物作用、高热烫伤等引起,某些传染病也可继发口炎。表现流涎、进食困难。治疗方法是从口腔排除异物,用3%双氧水或0.1%高锰酸钾水清洗后,可涂碘甘油治疗。

38. 胃肠炎

常表现为急性、卡他性和出血性胃肠炎,断乳后的幼貉尤其多发,多是由饲养管理不良引起的。如饲喂了发霉变质的饲料,误食饲料中的异物,饲料变化过大或是给饲量猛增都会引起发病。某些传染病或细菌感染(如大肠杆菌、巴氏杆菌等)都可伴发胃肠炎。

〔症 状〕 患急性、卡他性胃肠炎,病初食欲减退,时有呕吐,后期食欲丧失,精神沉郁,腹泻,粪便中有未消化的饲料或混有血液、粘液及脱落的肠粘膜。病程长的病貉表现消瘦,拱腰,被毛粗乱。患急性出血性胃肠炎常在发病后1昼夜内死亡。

〔治 疗〕 首先应及时从日粮中排除致病因素,加强饲养管理和监护工作。然后采用庆大霉素、卡那霉素、乳酸环丙沙星、乳酸诺氟沙星、恩诺沙星、黄连素、磺胺脒,还有四环素等,也可用链霉素或新霉素水溶液进行治疗。对厌食的可肌注复合维生素B,对腹泻脱水严重的可用5%～20%葡萄糖溶液皮下或静脉注射补液治疗。

39. 急性胃扩张

貉过量采食或采食了腐败变质、酸败的饲料,引起幽门痉挛,采食后剧烈运动,肠梗阻、便秘、胃扭转等都是导致急性胃扩张的因素。

发病后应以最快速度进行抢救,拖延可发生胃破裂或窒息死亡。治疗使用鱼石脂、酒精加石蜡油(也可用食油代替)再加普鲁卡因胃内注射。鱼石脂:95%酒精:水:石蜡油:普鲁卡因:10%稀盐酸=1 000毫克:5毫升:5毫升:10毫升:50毫克:5毫升。待貉症状缓解后,应禁食24小时,之后给予流食并控制饮水量。由幽门痉挛引起的胃扩张容易治疗,而由其他原因如肠道疾患引起的胃扩张几乎无治愈的可能。

40. 呕 吐

是一种临床症状,貉是犬科动物,极易发生呕吐,并常见生理性呕吐。从呕吐的病因看主要有以下几种类型:食管狭窄、憩肉、幽门狭窄、痉挛,胃慢性炎症、溃疡,肠道炎症,肠管狭窄,肝炎等。

生理性呕吐一般容易治疗,可用胃复安、氯丙嗪每千克体重1~2毫克,或用阿托品每千克体重0.05~0.1毫克,十分有效。炎症性呕吐应以消炎收敛为主,结合应用止吐药治疗。由狭窄、憩肉等原因引起的呕吐不易确诊,仅能在采食前投以药物维持到取皮。

41. 直肠脱

貉发生腹泻,特别是未确定病因而久治不愈,由于长期腹泻,里急后重,造成肛门括约肌麻痹,直肠脱出肛门外,如不及时治疗,很容易感染死亡。

必须首先排除病因然后治疗,才能收到良好效果。对肠道菌群失调引起的腹泻,治疗应以口服药物为主,直接杀灭病原。如庆大霉素每次8万~12万单位,每天口服2次。

患部治疗以0.1%温高锰酸钾溶液洗净,如有坏死组织应以剪刀剪除,再用温生理盐水冲洗,然后涂以润滑剂,接着将脱出的肠管完全复位,再以95%的酒精加等量的2%普鲁卡因封闭。方法是距肛门孔1~2厘米处,上、下、左、右分四点注射,每点剂量1~2毫升,进针方向应与直肠平行,刺入深度为0.5~2厘米,一般封闭1~2次即可治愈。也可在复位后对肛门孔处做简单的缝合,注意不要妨碍排粪,7天后拆线。

42. 阴茎脱

当貉发生阴茎脱出时,应及时用0.1%温高锰酸钾溶液洗净,然后按摩指压将其送回包皮内,并在包皮外口做不影响排尿的暂时缝合,待阴茎收缩肌功能恢复后拆线。用封闭疗法亦可。

43. 流　产

流产的主要原因除病原微生物感染外,主要是饲养管理不善,如日粮营养不全、饲料变质、缺乏维生素和微量元素等。此外粗暴捕捉、过度惊扰也可发生流产。母貉流产后要加强护理,防止感染和发生败血症,为此可肌注青霉素40万~80万单位,复合维生素B 0.5~1毫升;为排除恶露可肌注催产素0.5毫升;对于机械性损伤造成的不完全流产,为阻止继续流产可肌注黄体酮0.5毫升和维生素E与维生素C,以利于保胎。肌注磺胺类药物亦可。

44. 难　产

发病原因很多,如妊娠期饲料营养丰缺不定、缺乏或不平衡,造成母貉食欲波动或拒食;妊娠前母貉体况过肥;胎儿发育过大或发育不全、畸形、死胎;胎位异常;产道狭窄等。母貉预产期已到并有产仔的临床表现,阴道流出血污,经24小时后仍不见胎儿娩出可视为难产。发生难产可肌注催产素2毫升,还可肌注脑垂体后叶素2毫升或马来酸麦角新碱注射液1毫升。若不见效可行人工助产,方法是先用消毒药做外阴部消毒,用润滑药润滑阴道,用长嘴疏齿止血镊子或绳套将胎儿拉出。助产无效时,可施行剖腹取胎,以挽救母貉和胎儿。

45. 乳房炎

多由乳腺感染而发生,断乳后乳汁长时间潴留在乳腺中,也会发生瘀滞性乳房炎。患貉乳房硬结、肿胀、感染化脓,有时坏死、溃疡,流出黄色脓汁。病貉食欲减退或废绝,拒绝仔貉吮乳。治疗可用0.25%普鲁卡因稀释青霉素或链霉素肌内注射,拒食的可静脉注射5%葡萄糖溶液和维生素C,局部化脓者可用0.1%雷佛奴尔溶液洗涤,严重疼痛的可在患部周围进行多点封闭。患部按摩和挤奶,然后经乳头管向乳池注入青霉素或链霉素,每次40万~80万单位,每天2次。对已化脓的乳房炎可切开用双氧水冲洗后局部注射抗生素药物。

46. 缺奶

与营养过剩或缺乏即营养不平衡及遗传、激素分泌紊乱、隐性乳房炎等有关。给母貉肌注催乳素1次100毫克,4~5小时后见效。如配合地塞米松使用效果会更好。肌注催产素每次2毫升也会有一定效果。还可用催奶片或通乳散,每次4~5片,每天2次。用食物疗法即提供给牛奶、羊奶或奶粉来提高产乳量。用猪蹄汤或肉汤加在饲料中喂给也有效。

47. 断乳仔貉腹泻

仔貉断乳后腹泻多数是由于大肠杆菌感染所致,也有因突然更换饲料,消化不良的应激反应引起肠道菌群失调导致的。可选用庆大霉素、卡那霉素、乳酸环丙沙星、黄连素、磺胺脒等治疗。

利用有益的生态菌防治细菌性腹泻是近几年发展起来的新技术,其效果已在多种动物应用后得到证实。这类制剂无毒性、无副作用、无残留蓄积,长期应用不产生抗性,使用方便,价格便宜,并有促进消化、吸收和促生长作用。它是通过各种生态效应来调节肠道菌群,改变肠道内环境,使失调的菌群恢复平衡,腹泻得以治愈。中国农业科学院特产研究所的中试产品 TM 制剂,是由4株有益菌组成,通过产生蛋白酶、淀粉酶、产酸、生物夺氧及高的存活力在肠道中发挥作用的。对预防和治疗貉的细菌性腹泻效果明显。治疗量每次2毫升,加入饲料中拌均匀,每天2次,连用2～3天即可治愈。也可用针管吸入2毫升从口腔滴入,并断食1次,效果更佳。预防量每天1次,每次1毫升,加入饲料中搅拌均匀饲喂。

48. 中 暑

盛夏季节气温过高,通风不良或阳光直射等可引发此病。主要症状是病貉体温迅速增高,精神沉郁,步态摇摆,呈昏厥状。发生呕吐,呼吸困难,可视粘膜发绀,最后昏迷、痉挛而死。死后剖检可见脑充血、出血,肺出血。发病后,应迅速将病貉转移到阴凉通风处,头部冷敷,地面浇凉水以降温。严重时可肌注强心剂,还可静脉放血。处于休克状态时用5％葡萄糖生理盐水200毫升,加25％盐酸氯丙嗪1～3毫升,再加20％安钠咖1～2毫升,静脉滴注。

金盾版图书,科学实用,
通俗易懂,物美价廉,欢迎选购

书名	价格	书名	价格
科学养兔指南	21.00元	订版)	8.00元
简明科学养兔手册	7.00元	兔病诊断与防治原色图谱	19.50元
专业户养兔指南	10.50元	兔出血症及其防制	4.50元
长毛兔饲养技术(第二版)	3.80元	兔病鉴别诊断与防治	5.50元
		獭兔高效养殖教材	5.00元
长毛兔高效益饲养技术(修订版)	9.50元	毛皮兽养殖技术问答(修订版)	12.00元
怎样提高养长毛兔效益	8.00元	毛皮兽疾病防治	6.50元
獭兔高效益饲养技术(修订版)	7.50元	新编毛皮动物疾病防治	12.00元
		毛皮加工及质量鉴定	6.00元
肉兔高效益饲养技术(修订版)	10.00元	茸鹿饲养新技术	11.00元
		水貂养殖技术	5.50元
养兔技术指导(第二次修订版)	9.00元	实用水貂养殖技术	8.00元
		养狐实用新技术(修订版)	7.00元
养兔技术指导(第三次修订版)	10.50元	狐的人工授精与饲养	4.50元
		图说高效养狐关键技术	8.50元
肉兔无公害高效养殖	10.00元	实用养貉技术	5.50元
实用养兔技术	5.50元	实用养貉技术(修订版)	5.50元
家兔配合饲料生产技术	10.00元	麝鼠养殖和取香技术	4.00元
家兔良种引种指导	8.00元	人工养麝与取香技术	6.00元
兔病防治手册(第二次修		冬芒狸养殖技术	4.00元

以上图书由全国各地新华书店经销。凡向本社邮购图书者,另加10%邮挂费。书价如有变动,多退少补。邮购地址:北京市丰台区晓月中路29号院金盾出版社邮购部,联系人:徐玉珏,邮政编码:100072,电话:(010)83210682,传真:(010)83219217。

主要参考文献

1 佟煜人,钱国成主编. 中国毛皮兽饲养技术大全. 北京:中国农业科技出版社,1990

2 朴厚坤等. 科学养狐问答. 北京:中国农业出版社,2002